# 短视频构图与运镜

零基础一本通

 千知影像学院 编著

人民邮电出版社

北京

**图书在版编目（ＣＩＰ）数据**

短视频构图与运镜零基础一本通 / 千知影像学院编
著. -- 北京 : 人民邮电出版社, 2024.7
ISBN 978-7-115-63541-9

Ⅰ. ①短… Ⅱ. ①千… Ⅲ. ①视频制作 Ⅳ.
①TN948.4

中国国家版本馆CIP数据核字(2024)第016629号

## 内 容 提 要

本书是针对短视频构图与运镜的零基础教程，主要内容包括视听语言与视频的基本概念，手机、相机与无人机等短视频的拍摄设备，构图、景别、用光、色彩等影响短视频画面美感的要素，短视频分镜头设计、故事画板、场景、服装与道具，一般镜头、运动镜头与镜头组接的运用技巧，等等。

本书内容丰富，包含了大量短视频构图与运镜相关的知识，是一本不可多得的短视频创作教程，适合对短视频感兴趣的内容创作者，以及想要提升短视频质量、吸引更多粉丝关注的"up主"、博主阅读。

◆ 编　著　千知影像学院
责任编辑　张　贞
责任印制　周昇亮

◆ 人民邮电出版社出版发行　　北京市丰台区成寿寺路 11 号
邮编　100164　　电子邮件　315@ptpress.com.cn
网址　https://www.ptpress.com.cn
北京九天鸿程印刷有限责任公司印刷

◆ 开本：880×1230　1/32
印张：4.5　　　　　　　　2024 年 7 月第 1 版
字数：191 千字　　　　　　2024 年 7 月北京第 1 次印刷

定价：39.80 元

读者服务热线：(010)81055296　印装质量热线：(010)81055316
反盗版热线：(010)81055315
广告经营许可证：京东市监广登字 20170147 号

前言

　　人人都可以拍摄短视频，但不代表人人都能够拍好短视频。短视频具备了几乎所有传统视频的特点，是一种对创作者综合素质要求很高的视听艺术。

　　可能很多初学者认为拥有一部高像素或高视频性能的手机，就可以拍出好的短视频，但实际上还差得很远。短视频创作，不仅需要创作者掌握视频相关的基本概念，比如帧、分辨率、视频格式等；也需要创作者有一定的摄影基础，能够掌握不同的构图、用光等技巧；最后还需要创作者掌握运镜技术，具有镜头组接方面的理论知识与经验。如果创作者还没有掌握上述知识、技巧与经验，是很难拍摄出优质短视频的。

　　本书对短视频创作后期剪辑的内容没有过多讲解，而是将重点放在短视频拍摄前准备和短视频的拍摄上。首先讲解了视频的一些基本概念，以及拍摄短视频会用到的软件、硬件和附件等知识；随后介绍了构图、用光与色彩等方面的知识；最后讲解了分镜头脚本、镜头组接等知识。

　　由于当前自媒体平台的各种数据、技术、理念更迭得非常快，所以书中难免存在一些疏漏，敬请广大读者谅解！

# 目录

# 第3章

## 影响短视频画面美感的要素 ⋯⋯⋯⋯⋯⋯⋯⋯ **050**

## 第4章
### 短视频分镜头设计、故事画板、场景、服装与道具 ⋯⋯ 101

# 第5章
## 一般镜头、运动镜头与镜头组接 ········ 113

# 第1章

## 视听语言与视频基本概念

本章重点讲解视听语言与视频基本概念。由于短视频可被看作是视频的一种形式，因此本章会介绍视频的构成元素、相关理论与内容。掌握这些内容，会对后续的视频拍摄及制作有很大的帮助。

## 1.1 视听语言

简单来说，视听语言就是一种以视听组合的方式向受众传达某种信息的感性语言。

视听语言主要包括三个部分：影像、声音、剪辑。三者关系明确，通过剪辑使影像、声音构成一部完整的视频作品。

视听语言被称为20世纪以来的主导性语言，是构成影像作品的重要元素，是人们以影像和声音为载体来传达意图和思想的语言，是用画面和声音来表意和叙事的语言形式。视听语言包括景别、镜头与运动、拍摄角度、光线、色彩和各种声音等要素。

从大的方面来划分，视听语言可以分为视觉元素（视元素）和听觉元素（听元素）。

视觉元素主要由画面的景别、色彩效果、明暗影调和线条空间等形象元素构成，听觉元素则主要由画外音、环境音、主题音乐等构成。只有两者高度协调、有机配合，才能展示出真实、自然的时空结构，获得立体、完整的感官效果，才能成为好的作品。

从下面的短视频剪辑软件的界面中，可以看到视频轨道、背景音乐轨道、音效轨道等视听语言要素相关的剪辑轨迹。

借助剪辑软件将影像、声音进行组合，传达创作者想要表达的内容

## 1.1.1　大电影

传统意义上的电影，是指影院或电视台播放的具有较长时长的大电影。当今的大电影，作品时长大多为 90 分钟 ~120 分钟。

1895 年 12 月 28 日，在巴黎卡普辛路 14 号咖啡馆的地下室里，卢米埃尔兄弟首次在银幕上为观众放映了他们拍摄的影片，这一天也成为电影的诞生日。

传统电影画面

电影艺术涉及科学技术、文学艺术和哲学思想等诸多内容，给全世界的人们带来了影响，可谓人类历史上最为宏大的艺术门类之一。

### 1.1.2 微电影

现代大电影的成长过程中，微电影（电影短片）的身影一直存在，不过由于投入产出比等各种因素，微电影一直未能成为电影的主流形态。

从概念上来说，微电影是指能够通过互联网新媒体平台传播的影片（时长几分钟到几十分钟），适合在移动状态和短时休闲状态下观看。一般来说，微电影具有故事情节完整、制作成本相对较低、制作周期较短的特点。

互联网的出现，真正开启了数字化时代，为人们提供了互动交流的平台，打开了信息传播的自由空间。2000年之后，全球互联网的迅速普及尤其是移动互联网的发展，让每个人可以随时随地、随心地获取信息和进行交流互动。信息越来越碎片化，媒介越来越分散化，人人都是媒体，人人都在传播，这已逐渐成为一种新的生活方式。微电影在这个时期脱颖而出，正是因为其"微时间、微内容、微制作"的优势，符合移动互联网时代大众的生活需要。

微电影的内容融合了幽默搞怪、时尚潮流、公益教育、商业定制等主题，可以单独成片，也可系列成剧。

### 1.1.3 短视频

短视频即短片视频，是一种互联网内容传播方式，一般是指在互联网新媒体平台上传播的时长在30分钟以内的视频。

不同于微电影，短视频具有生产流程简单、制作门槛低、参与性强等特点，比直播更具有传播价值。短视频相对短的制作周期和趣味化的内容对其制作团队的文案以及策划功底有一定的要求。优秀的短视频制作团队通常依托于成熟运营的自媒体账号或IP，除了需要高频稳定地输出内容外，还需要强大的粉丝渠道。短视频的出现丰富了新媒体原生广告的形式。

从内容上来看，短视频具备一般长视频的大多数属性，其内容涉及技能分享、幽默搞怪、时尚潮流、社会热点、街头采访、公益教育、广告创意、商业定制等主题。由于短视频时长较短，可以单独成片，也可以制作成系列栏目。

剧情类短视频　　　　　风光类短视频　　　　　"鸡汤"类短视频

从短视频的制作角度来看，团队配置可以简化，甚至可以没有专业化的团队和精细的分工，导演、制片人、摄影师等多角色可以集合到一个人身上。短视频不但制作团队可以简化，还可以做到零准入门槛，即使是普通人也可以制作短视频。

当然，需要注意的是，业余的团队和技术能力不足的短视频制作者，可能很难得到较多的关注和经济收入。

## 1.2　视频制作团队

大电影、微电影，以及部分短视频都是团队工作的成果，不同部门和工种相互配合才能完成或是有更好的表达效果；而一些短视频的制作则可能不需要太多工种的参与，拍摄、剪辑可能均由创作者一人完成。

下面根据专业的大电影或微电影的制作团队分工，介绍视频制作团队成员的分工及职责。当然，除所介绍的这些分工之外，还有很多其他岗位，就不一一赘述了。

专业影视作品拍摄现场

（1）监制：维护、监控剧本原貌和风格。

（2）制片人：搭建并管理整个影片制作组。

（3）编剧：完成剧本，协助导演完成分镜头剧本。

（4）导演：负责作品的人物构思，决定演员人选，等等。

（5）副导演：协助导演处理事务。

（6）演员：根据导演及剧本的要求，完成角色的表演。

（7）摄影摄像：根据导演要求完成现场拍摄工作。

摄像工作照

（8）灯光：按照导演和摄影的要求布置现场灯光。

室内的布光

（9）场记场务：负责现场记录和维护片场秩序，以及提供物品和后勤服务等工作。

（10）录音：根据导演要求完成现场录音工作。

（11）美术布景：负责根据剧本和导演要求布置道具、场景。

（12）化妆造型：按照导演要求给演员化妆造型、设计服装。

（13）音乐作曲：为影片编配合适的音乐。

（14）剪辑后期：根据导演和摄影的要求，对影片进行剪辑组合和片头、片尾等的制作。

专业剪辑师的工作台

上述众多分工中，最重要的角色是导演——一部影视作品的灵魂人物。其他各职务则是以导演为中心相互紧密配合，共同进行创作。

# 视频概念

## 1.3.1 帧、帧频与扫描方式

在描述视频属性时，我们经常会看到 1080i/50Hz 或是 1080p/50Hz 这样的参数。

短片记录尺寸设定：界面 1

短片记录尺寸设定：界面 2

首先这里明确一个原理，即视频是由一幅幅静态图像构成的，通过这些静态图持续、快速地显示，最终以动态的视频的方式呈现。

视频实现传播的基础是人眼的视觉残留特性。每秒连续显示 24 幅以上的不同静态画面时，人眼就会感觉图像是连续运动的，而不再认为它们是一幅幅静止的画面。因此从再现活动图像的角度来说，图像的刷新率必须达到 24Hz 以上。这里，一幅静态画面称为一帧画面，24Hz 对应的是帧频，即一秒显示 24 帧画面。

24Hz 是能够流畅显示视频的最低值，实际上，帧频要达到 50Hz 以上才能消除视频画面的闪烁感，此时视频的显示效果会非常流畅、细腻。所以，当前我们看到很多摄像设备具备 60Hz、120Hz 等超高帧频的参数性能。

60Hz 的视频画面截图，可以看到画面比较清晰

24Hz 的视频画面截图，可以看到画面不太清晰

在视频性能参数中，i 与 p 代表的是视频的不同的扫描方式。其中，i 是 Interlaced 的首字母，表示隔行扫描；p 是 Progressive 的首字母，表示逐行扫描。多年以来，广播电视行业采用的是隔行扫描，而计算机显示、图形处理和数字电影则采用逐行扫描。

构成影像的基本单位是像素，但在传输时并不以像素为单位，而是将像素串成一条条的水平线进行传输，这便是视频信号传输的扫描方式。1080 表示将画面由上向下分为 1080 条由像素构成的线。

逐行扫描是指同时将 1080 条扫描线进行传输。隔行扫描则是指将一帧画面

分成两组，一组是奇数扫描线，一组是偶数扫描线，分别传输。

相同帧频条件下，逐行扫描的视频，画质更高，但传输视频信号需要的信道更宽。所以在视频画质下降不是太多的前提下，宜采用隔行扫描的方式，一次传输一半的画面信息。与逐行扫描相比，隔行扫描节省了传输带宽，但也带来了一些负面影响。由于一帧是由两场扫描交错构成的，因此隔行扫描的垂直清晰度比逐行扫描低一些。

视频画面截图

逐行扫描第一组扫描线

逐行扫描第二组扫描线

### 1.3.2 分辨率

分辨率，也常被称为图像的尺寸和大小，指一帧图像包含的像素多少。分辨率的大小直接影响了图像大小：分辨率越高，图像越大；分辨率越低，图像越小。

常见的分辨率如下。

4K：4096 像素 ×2160 像素，超高清。

2K：2048 像素 ×1080 像素，超高清。

1080p：1920 像素 ×1080 像素，全高清（1080i 是经过压缩的）。

720p：1280 像素 ×720 像素，高清。

4K 和 2K 常用于计算机剪辑，而 1080p 和 720p 常用于手机剪辑。1080p 和 720p 的使用频率较高，因为其容量会小一些，手机编辑起来会更加轻松。

4K 分辨率的视频画面清晰度较高

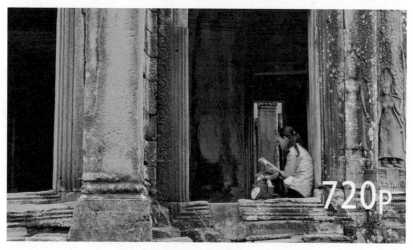

720p 分辨率的视频画面清晰度不太理想

### 1.3.3　码率

码率，全称 Bits Per Second，指每秒传送的数据位数，通俗一点理解就是取样率，常见单位有千位每秒和兆位每秒。码率越大，单位时间内取样率越大，数据流精度就越高，视频画面就越清晰，画面质量也越高。

**小贴士**

码率影响视频的体积，帧频影响视频的流畅度，分辨率影响视频的大小和清晰度。

### 1.3.4　视频格式

视频格式是指视频保存的格式，常见的视频格式有 MP4、MOV、AVI、MKV、FLV/F4V、WMV、RealVideo 等。

这些不同的视频格式，有些适合于网络播放及传输，有些适合在本地设备中以特定的播放器进行播放。

#### MP4

MP4 是一种使用 MPEG-4 编码的非常流行的视频格式，许多电影、电视视频格式都是 MP4。MP4 格式的特点是压缩效率高，能够以较小的体积呈现出较高的画质。

MP4 格式视频的大致信息

MOV

MOV 格式是由苹果公司开发的一种音频、视频文件格式，也就是平时所说的 QuickTime 影片格式，常用于存储音频和视频等数字媒体类型。

MOV 格式文件的优点是影片质量出色，数据传输快，适合视频剪辑制作；缺点是文件较大。随着技术不断发展，当前 MOV 格式整体的画质与压缩效率已经接近 MP4 格式，只是普及度不如 MP4 高。

13 秒时长的 MP4 格式文件大小

13 秒时长的 MOV 格式文件大小

AVI

AVI 格式是由微软公司在 1992 年发布的视频格式，是 Audio Video Interleaved 的缩写，意为音频视频交错，是最悠久的视频格式之一。

AVI 格式调用方便、图像质量好，但体积往往会比较庞大，并且有时候兼容性较差，有些播放器无法播放。

MKV

MKV 格式是一种多媒体封装格式，有容错性强、支持封装多重字幕、可变帧速、兼容性强等特点，是一种开放的、标准的、自由的容器和文件格式。

从某种意义上来说，MKV 只是个壳子，它本身不编码任何视频、音频，但它足够标准、足够开放，可以把其他视频格式的特点都装到自己的壳子里。

FLV/F4V

FLV 是 FLASH VIDEO 的简称，它的优点是视频体积非常小，特别适合经网络播放及传输。

F4V 格式是继 FLV 格式之后，Adobe 公司推出的支持 H.264 编码的流媒体格式，F4V 格式比 FLV 格式的视频画质更清晰。

MKV 格式视频的大致信息

FLV 格式视频的大致信息

### WMV

WMV（Windows Media Video）格式是一种数字视频压缩格式，是由微软公司开发的一种流媒体格式。WMV 格式的主要特征是同时适合本地和网络播放，并且具有支持多语言、扩展性强等特点。

WMV 格式显著的优势是在同等视频质量下，WMV 格式的文件可以边下载边播放，因此很适合在网上播放和传输。

RMVB 格式视频的大致信息

### RealVideo

RealVideo 格式是由 RealNetworks 公司开发的一种高压缩比的视频格式，扩展名有 RA、RM、RAM、RMVB。

RealVideo 格式主要用来在低速率的广域网上实时传输视频影像。用户可以根据网络数据传输速率的不同而采用不同的压缩比率，从而实现影像数据的实时传送和实时播放。

### ASF

ASF 是 Advanced Streaming Format 的缩写，意为高级串流格式，是微软公司为了与 RealNetworks 公司的 RealVideo 格式竞争而推出的一种可以直接在网上观看视频的文件压缩格式。ASF 使用了 MPEG-4 的压缩算法，压缩率和图像的品质效果都不错。

## 1.3.5　视频编码

视频编码是指对视频进行压缩或解压的方式，或者是对视频格式进行转换的方式。

压缩视频体积，必然会导致数据的损失，如何在损失最少数据的前提下尽量压缩视频体积，是视频编码的第一个研究方向；第二个研究方向是通过特定的编码方式，将一种视频格式转换为另外一种格式，如将 AVI 格式转换为 MP4 格式等。

视频编码主要有两大类：MPEG 系列和 H.26X 系列。

**MPEG 系列（由国际标准组织机构下属的运动图像专家组开发）**

（1）MPEG-1 第二部分，主要应用于 VCD，也可应用于在线视频。该编解码器的体积大致上和原有的 VHS 相当。

（2）MPEG-2 第二部分，等同于 H.262，主要应用于 DVD、SVCD 和大多数数字视频广播系统和有线分布系统中。

（3）MPEG-4 第二部分，可以应用于网络传输、广播和媒体存储。相比于 MPEG-2 和第一版的 H.263，它的压缩性能有所提高。

（4）MPEG-4 第十部分，技术上和 H.264 是相同的标准，有时候也被称作"AVC"。在运动图像专家组与国际电信联盟合作后，诞生了 H.264/AVC 标准。

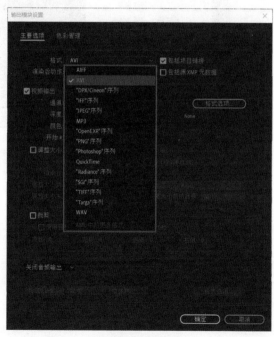

编码格式设置界面

**H.26X 系列（由国际电信联盟主导）**

（1）H.261，主要在老的视频会议和视频电话产品中使用。

（2）H.263，主要用在当前的视频会议、视频电话和网络视频中。

（3）H.264，是一种视频压缩标准，一种被广泛使用的高精度视频录制、压缩和发布格式。

（4）H.265，是一种视频压缩标准。其不仅可提升图像质量，同时还可达到 H.264 格式的两倍压缩率，可支持 4K 分辨率，并且最高分辨可达到 8192 像素 ×4320 像素（8K 分辨率），这是目前的发展趋势。

设置 H.264 视频编码格式

## 1.3.6　视频流

我们经常会听到"H.264 码流""解码流""原始流""YUV 流""编码流""压缩流""未压缩流"等叫法，实际这是区别视频流是否经过压缩的称呼。

视频流大致可以分为两种，即经过压缩的视频流和未经压缩的视频流。

**经过压缩的视频流**

经过压缩的视频流也被称为"编码流"，目前以 H.264 为主，因此也称为"H.264 码流"。

**未经压缩的视频流**

未经压缩的视频流也就是解码后的流数据，称为"原始流"，也常常称为"YUV 流"。

从"H.264 码流"到"YUV 流"的过程称为解码，反之称为编码。

# 第2章

# 短视频的拍摄设备

在创作短视频的过程中，常用的拍摄设备有手机、相机、无人机等，以及这些拍摄设备的配件，例如三脚架、补光灯、稳定器等。本章将介绍短视频拍摄中会用到的几种主流的拍摄设备、配件和道具，帮助大家选择适合自己的拍摄设备，拍出属于自己的短视频大片。

##  2.1　手机及其配件

如果刚接触短视频拍摄，资金有限，或者对视频画质要求不高的话，不建议购买专业的相机。现在手机的摄像功能非常丰富，完全能够满足拍摄短视频的需求。只需要一部手机＋一台稳定器，就可以开始拍摄短视频了。重要的是，手机非常轻便，可以让我们"走到哪拍到哪"，随时随地记录生活的每一个精彩瞬间。

或许有人会说，自己没学过专业的视频拍摄，也不懂转场和配乐，更不会剪辑，根本拍不了好看的视频。其实，短视频拍摄并没有想象的那么难。

有些酷炫的视频看起来很难拍摄，其实操作起来并不复杂。为了让大家能用手机随时随地拍出酷炫的短视频，并能掌握手机短视频拍摄方法，下面将分别介绍苹果手机和安卓手机的录像功能，以及辅助配件的使用方法。

## 2.1.1 苹果手机

苹果手机是市面上主流的手机品牌之一，其镜头具有色彩还原度高、光学防抖、夜景拍摄清晰、智能对焦、快速算法支持等优势。

以 iPhone 13 Pro 为例，手机配置了四个摄像头，分别是前置摄像头、长焦镜头、超广角镜头和广角镜头。前置 1200 万像素摄像头，后置 1200 万像素镜头，满足使用一部手机在多种环境下的拍摄需求。

打开相机，可以看到苹果系统的拍摄界面简单明了。选择"视频"，点击"录制"按钮即可开始视频的录制；再次点击"录制"按钮即可停止录制。使用延时摄影、慢动作等功能可以给短视频拍摄提供不同的画面风格和思路。

进入相机的设置界面，可以设置录制视频的格式、分辨率和帧率，还可以开启 / 关闭录制立体声。

长焦、超广角、广角三合一镜头

苹果手机的录像界面

相机设置界面

## 2.1.2　安卓手机

市场上的安卓手机涵盖多种手机品牌，为了满足专业摄影师的摄影摄像需求，各安卓手机品牌争先恐后地开发出了颇为全面的录像功能。

以荣耀 70 为例，其前后共搭载有四个摄像头，其中后置摄像头为 5400 万像素视频主摄 +5000 万像素超广角微距主摄，前置摄像头为 3200 万像素 AI 超感知主摄，支持手势隔空换镜。

荣耀 70

荣耀 70 系统自带的录像功能较苹果手机更为丰富多样，除了常规的录像功能之外，荣耀 70 还提供了多镜录像功能，以及慢动作、延时摄影、主角模式和微电影等功能，极大地丰富了拍摄手法的多样性。

荣耀 70 的录像界面

设置界面

使用多镜录像功能可以双屏录制视频，并且可以随时在前/后、后/后、画中画镜头之间进行切换。

多镜录像（画中画）界面

多镜录像功能的镜头切换

使用主角模式可同时输出两路视频画面，包括主角画面和全景画面。两路视频画面都支持 1080p 高清、美颜效果和 EIS 防抖算法。

主角模式界面

进入相机的设置界面，同样可以设置视频的分辨率和帧率，还可以开启 / 关闭隔空换镜功能。

相机设置界面

### 2.1.3　蓝牙遥控器

尽管大多数手机都自带手势拍照、声控拍照、定时拍摄功能，但有时也会因为距离太远而拍摄失败。在这种情况下，手机蓝牙遥控器能够很好地解决这一问题，方便我们自拍视频。只需将蓝牙遥控器和手机连接成功，在支持的距离内按下蓝牙遥控器上的快门按钮，就能够开始视频的录制了。

这种远距离控制手机进行视频拍摄的方法，适用于无人帮忙、拍摄空间狭窄等情况，以便视频拍摄更加轻松、自如。

手机蓝牙遥控器

外置手机镜头

六合一手机镜头

### 2.1.4 外置手机镜头

虽然当前手机的拍摄性能越来越好，甚至配置多个镜头，但手机的镜头还是多以数码变焦为主，通过单张画面的缩放来实现景物的缩小或放大，所以画质往往不够理想。想要得到更好的画质效果，还需要外置手机镜头的帮助。

外置手机镜头是一个独立的设备，需要和手机镜头搭配使用。

使用方法：将外置手机镜头安装在手机原镜头之上。

外置手机镜头可以给拍摄带来更多的玩法和更好的成片效果。带着相机出门是一种重量负担，现在很多人更愿意用手机录制短视频，但想要拍近距离的景物或更广阔的风景，或多或少都受到限制，而外置手机镜头恰好解决了这些问题。

利用不同的外置手机镜头可以拍出不同的效果。常见的外置手机镜头分为广角镜头、长焦镜头、微距镜头、鱼眼镜头等。下面介绍不同外置手机镜头的拍摄效果。

#### 广角镜头

广角镜头适用于拍摄风光和宏大的场景。例如，短视频拍摄中需要拍一整栋楼或几栋楼时，使用普通的镜头拍摄可能只能拍到楼体的一部分，而使用广角镜头，则可以把整栋楼或几栋楼都拍摄进去。

使用广角镜头拍摄的视频画面

使用广角镜头，可以在狭小空间里拍
出大视角

### 长焦镜头

长焦镜头适用于拍摄远景，焦段越长，拍的景物越远。目前手机拍摄的长焦画面画质还不够理想，如果特别喜欢长焦拍摄，可以选购专业的长焦镜头。

使用长焦镜头拍摄的视频画面

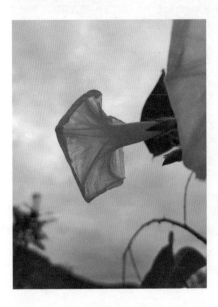

### 微距镜头

微距镜头适用于拍摄细节。例如，用微距镜头可以拍摄昆虫、花蕊和花瓣等细小的对象。

使用微距镜头拍摄的视频画面

### 鱼眼镜头

鱼眼镜头适用于拍摄圆形景物，如圆形剧场、广场的全景、天空等。如果手机镜头没有自带鱼眼镜头，可以根据摄影需求购置匹配的鱼眼镜头。

使用鱼眼镜头拍摄的视频画面

## 2.1.5　常用的滤镜

### CPL 偏光镜

CPL 偏光镜的主要作用是过滤掉场景中大量杂乱的反射和折射光线，只让特定方向的光线进入镜头，以增加成像画面的对比度，让画面更通透，色彩更浓郁。

不用 CPL 偏光镜的画面色彩不理想，画面发灰

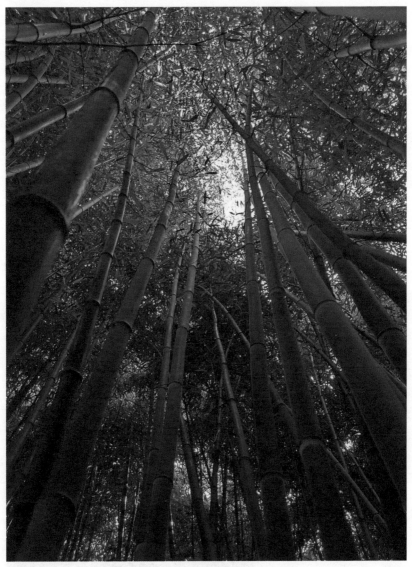

使用 CPL 偏光镜的画面色彩表现力更好

**星光镜**

通过星光镜可以将场景中点光源所发出的光线拍成美丽的星芒效果，尤其是在晚上进行拍摄时或是在拍一些很亮的景物时星芒效果尤为明显。

使用星光镜拍摄的视频画面

## 2.1.6　手机三脚架

拍摄固定镜头时，若手持拍摄，画面不够稳定，则需要搭配防抖设备，这时就可以使用手机三脚架来达到固定手机的目的。市面上常见的手机三脚架类型有以下几种：桌面三脚架、八爪鱼三脚架、专业三脚架等。

桌面三脚架具有尺寸小、稳定性强的优势。材质有金属、碳纤维和塑料等，多用于室内场景。

八爪鱼三脚架尺寸较小，脚管是柔性的，可以弯曲绑在栏杆等物体上，使用比较方便。相较于桌面三脚架，八爪鱼三脚架的稳定性有所欠缺。

专业三脚架有伸缩脚架、云台、手柄等部件，脚架高度可随意调节，手柄可 360° 旋转，多用于室外场景。

桌面三脚架　　　　　　　八爪鱼三脚架　　　　　　　专业三脚架

购买手机三脚架时需要注意支架高度、承重度和防抖性能等问题。

支架高度：在购买手机三脚架时，需要根据自己的需求和摄影对象来考虑支架高度。例如在拍摄风景、人像等类型的视频时，就需要选择高一些的支架；而在桌面拍摄讲解类的短视频时，矮一些的桌面三脚架更合适。

承重度：承重度越高，手机三脚架越稳定。一般来说，金属材质的支架承重度会高一些，但这类金属材质的支架往往要昂贵一些，而塑料材质的支架则便宜很多。

防抖性能：从某种意义上说，支架的防抖性能与承重度是成正比的，承重度越高的支架，防抖性能越好。对于拍摄照片来说，防抖性能可能没那么重要，但对于拍摄视频来说，防抖性能越好的支架越值得购买。

不要以为只要有三脚架就可以固定手机了，实际上，在手机与三脚架之间还需要几个附件来连接：一个是手机夹，用于夹住手机；一个是快装板，要将其安装在三脚架上，再通过快装板来连接手机。

快装板　　　　　　　　　　　　　　　手机夹

### 2.1.7　手机稳定器

　　使用大疆（DJI）的四代或者五代手机稳定器，足够完成一条视频的拍摄。设备足够轻巧，一部手机＋一台手机稳定器，到哪里都可以进行记录。使用手机稳定器能够在视频拍摄的过程中减少手机的抖动，使拍摄出来的视频画面更稳定。

　　手机稳定器具有多种功能。以 DJI OM 5 为例，它采取磁吸式固定手机的方式，可轻松将手机安装于稳定器上；三轴增稳云台设计让拍摄画面更加抗抖，即便拍摄运动场景，画面也能保持稳定；内置延长杆可延长 21.5cm，将自拍杆和稳定器进行了融合。

　　拍摄指导功能（需下载配套 App）可以智能识别场景，推荐合适的拍摄手法及提供教学视频，还能根据所拍素材智能推荐一键成片，让记录、剪辑、成片一气呵成。

手机稳定器

App 拍摄界面图

　　智能跟随模式（需下载配套 App）可智能识别选定的人物、萌宠，使被摄主体始终位于视频画面的居中位置。

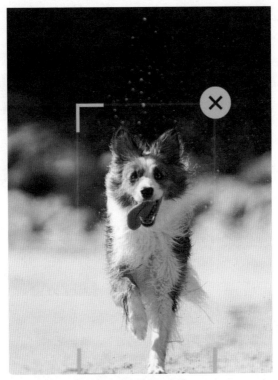

智能跟随模式示意图

此外，DJI OM 5 还具备全景拍摄、动态变焦、延时摄影、旋转拍摄模式、Story 模式等辅助模式，让拍摄更加轻松。

影棚内常用的摄影灯

### 2.1.8　手机灯具

#### 可调节式摄影灯

相对来说，可调节式摄影灯是摄影中最常见的灯具之一，主要用于补光。它并不是视频拍摄的专用灯具，常用于影棚内拍摄。这种摄影灯可用于调节冷光、暖光、柔光和散射光等。不同功能的摄影灯，价格也不一样，大家可以根据自己的摄影需求选择不同的摄影灯。

直播灯

直播灯是一种常用于网络直播补光的灯具，小巧、便携，补光柔和、均匀。在拍摄短视频时，可以使用这种操作简单、性价比高的灯具。一般来说，使用直播灯可以让人物皮肤更显白皙。

直播灯

## 2.1.9 其他辅助道具

其他辅助道具包含柔光板、反光板、吸光布、烟饼和摄影箱等。

柔光板

柔光板的主要作用是柔化光线，在不改变拍摄距离和背景的情况下，阻隔主光源和被摄主体间的强光，有效减弱光线。

反光板

用灯具为场景或物体补光时，光线会让人感觉较硬，使得拍出来的画面不够柔和。这时可以使用反光板，将灯光打在反光板上，借助反光板进行补光，从而使画面的光效变柔和。反光板有白色、银色、金色等多种颜色，不同的反光板材质可以营造出不同色调的反光。

柔光板

五合一反光板

借助吸光布营造黑背景效果

### 吸光布

吸光布的作用是吸收折射光。吸光布的表面比较粗糙，光照在上面的时候不会出现折射效果，就像把光吸收掉一样。吸光布可以更好地突出被摄主体。

使用吸光布拍摄
的画面效果

**烟饼**

　　烟饼的作用是增加光线制造的空间效果，增强所拍摄画面的透视关系，主要用于营造环境氛围。烟饼可以制造烟雾，让太阳光在雾里呈现光束的效果。除了用于拍摄风光意境，烟饼还经常用于拍摄仙境效果。

烟饼及烟饼燃烧示意图

没有烟雾的画面效果

添加烟雾后的画面效果

**摄影箱**

摄影箱可以用于拍摄静物。例如，可以把静物放在摄影箱里，由于摄影箱中的灯光比较充足，可以拍摄出静物无阴影的效果。

摄影箱

侧面打开的摄影箱

将拍摄对象放入摄影箱进行拍摄，光线充足，画面干净

 **2.2　相机及其配件**

短视频博主常用的相机主要有运动相机、口袋相机和专业相机，除此以外还会配备相机三脚架和相机稳定器。下面会详细讲解不同拍摄器材的基本信息和优缺点。

### 2.2.1　运动相机

运动相机是紧凑型摄影录像一体机，易于使用，坚固耐用，具备防水、防尘、光学防抖功能，可用于拍摄第一视角的运动画面，也可用于拍摄静态图像。运动相机体积小、重量轻，适合跳伞、滑板、骑行、跑步、游泳、潜水等运动场景的拍摄。运动相机拥有丰富的配件群，可根据场景搭配不同种类的配件，也可将运动相机安装在传统相机和智能手机无法安装的地方，比如车顶、头盔上、领口、背包处，甚至宠物身上，拍摄出全新视角的视频。

运动相机

运动相机的优势在于其特殊的取景方式，会给画面带来更强的冲击力和新奇感，方便在沙漠、水底等特殊场景录制视频。不足之处主要是弱光下拍摄质量急剧下降，拍摄出来的视频噪点很多，使用场景较为受限，电池续航时间较短且无法外置电源。

在水下拍摄

以 GoPro 为例，该相机有着强大的防抖功能，适合拍摄运动题材和旅游题材的视频。并且其体积小巧，具有拍摄范围广的广角镜头，自拍时能拍到身后的环境，使用转接头还能外接麦克风。

GoPro HERO10 Black

### 2.2.2　口袋相机

口袋相机具有三轴的机械云台，增稳效果更佳，并且可以控制相机的转动角度，配合内置的智能跟随功能，可用于拍摄人物、景物、美食、生活等题材的视频。如果想挑选一款轻巧且功能强大的拍摄设备，又不想投入太多，可以选择口袋相机。

以 DJI Pocket 2 为例，该相机能拍摄 6400 万像素照片和 4K/60Hz 视频。小巧的三轴云台稳定性能很好，且便于携带。相机背面有一个小屏幕，自拍时能看到自己，完全能作为很好的视频拍摄设备使用。

口袋相机

### 2.2.3 专业相机

如果你想制作比较专业的短视频，或者对画质有比较高的要求，可以选择专业相机作为拍摄设备。专业相机具有更强的续航能力，且能应对更极端的环境，更稳定可靠。专业相机缺点则是设计结构复杂且内部装置较多、体积较大，重量也比较重，一般都需配备专门的相机包、三脚架、防潮箱等设备。

专业相机

你可以根据自己的预算来选择合适的专业相机。

如果你希望设备操作简单，拍摄人像漂亮，可以考虑佳能 G7 X Mark II，该相机带有美颜功能，具有翻转屏，方便自拍；缺点是没有麦克风接口，收声对拍摄环境要求较高，电池续航能力比较弱。

如果你对画质有一定要求，并且有一定的剪辑能力，可以考虑索尼 ZV-1。该相机非常轻巧，能够拍摄 4K HDR、S-log3 等专业格式的视频，内置立体声收音麦克风，同时还具有侧翻屏，对焦强大稳定。值得一提的是，这台相机有产品展示功能，当有需要展示的物件靠近相机时，其能够迅速自动对焦到该物件上。

如果以上设备都不能满足你的需求，或者想要有更强大的虚化、4K、防抖、对焦、高感等功能的相机，那么可以考虑价格更高的机型，比如索尼 A7M3/A7M4/A7R3/A7R4 等。

当然，除了购置相机，还需要配置镜头、稳定器、收音麦克风、滑轨、云台、计算机等，同时要掌握后期剪辑技术。

摄影创意图

## 2.2.4　相机三脚架

相机三脚架的功能和手机三脚架类似，主要起到固定增稳的作用。常见的三脚架材质是铝合金和碳纤维。铝合金三脚架重量轻、十分坚固；碳纤维三脚架则有更好的韧性，重量更轻。

相机三脚架按管径尺寸可分为32mm、28mm、25mm、22mm等规格。一般来讲，管径越大，三脚架的承重越大，稳定性越强。选择三脚架要考虑的一个重要因素就是稳定性。许多职业摄影师会在三脚架上吊挂重物，通过增加重量和降低重心来提升其稳定性。

相机三脚架

相机稳定器

## 2.2.5 相机稳定器

  手持相机拍摄视频时,画面会非常不稳定,让人看了头晕。为了拍摄画面的稳定,通常需要借助相关设备,例如安装相机稳定器来稳定拍摄画面。

  如何正确使用稳定器?相机稳定器的使用技巧有哪些?相机稳定器的功能有哪些?下面以智云云鹤 2S 为例,介绍一下相机稳定器的使用方法和主要功能。

智云云鹤 2S

  首先,将相机安装在稳定器上,手持稳定器,这样拍摄的画面就非常稳定了。

  在将镜头推近和拉远的时候,同样手持稳定器,保证画面的稳定。

  在侧面跟拍的时候,要注意手持稳定器的方向和拍摄者步伐要保证一致,避免相机画面突然晃动。

  在跑步跟拍时,即使有稳定器的加持,相机画面也很难保持足够稳定,这时需要尽量使自己身体保持稳定,避免出现大幅度的晃动。

环绕拍摄时，单手持稳定器即可。

最后一个技巧，就是在镜头推近、拉远的同时旋转稳定器，可拍摄出天旋地转的画面效果。

智云云鹤 2S 还提供了很多进阶玩法，例如巨幕摄影、定点延时、移动延时、长曝光动态延时等。在普通拍摄的基础上使用这些进阶功能，可拍摄出更有创意的视频。

巨幕摄影

定点延时

长曝光动态延时

## 2.3 无人机

无人机也被称为飞行相机。近年来，随着无人机技术的成熟，航拍也逐渐走入大众视野。目前无人机搭载的镜头性能强大，成像效果不亚于相机。以DJI Mavic 3 为例，该无人机采用哈苏镜头，搭配广角镜头和长焦镜头，支持4K 画质和 4 倍变焦。相机云台自带三轴稳定器，为拍摄稳定性提供了有力的支持和保障，同时该无人机还支持一键成片、智能跟随、大师镜头、全景拍摄、延时拍摄等功能。

无人机

无人机拍摄的优势是可以以相机无法实现的全新角度进行拍摄，例如呈现从高空中俯瞰景色的效果。缺点在于操控技术需学习，飞行的安全法规也需要掌握，并且需要考取无人机驾照。

航拍视频画面 1

航拍视频画面 2

航拍视频画面 3

# 第3章

## 影响短视频画面美感的要素

影响短视频画面美感的要素，除后续章节要讲的镜头调度外，还包括视频画面的构图、用光及色彩。本章将介绍画面构图、用光及色彩相关知识。

 **3.1 基本构图常识**

### 3.1.1 构图的概念

构图是指摄影者通过选择拍摄对象、调整拍摄角度来构建画面的内容，让画面中的被摄主体有更强的表现力，使最终呈现的画面能够给人比较好的视觉感受，能够让人感受到艺术之美。

以下页中所示的两个画面为例来看构图的重要性。

大面积的水面和天空使画面显得非常空旷，而轮船打破了这种平静，让画面有了冲突之感，有了故事性。简单来说，轮船位置的安排及其和天际线的位置关系的选择就是构图。仔细观察，可以看到天际线位于画面的上三分线处，轮船位于下三分线处，并且轮船还位于右三分线的位置。这样一个原本很简单的画面，从构图的角度却包含很多内容。经过合理的构图，画面看起来更自然、协调

借助树木本身形成的一个半圆形的框架，对洒满落叶并向远处延伸的道路进行了强化，让画面更具纵深感，这也是构图的力量

## 3.1.2 画面构成元素

画面有几个重要的构成元素。第一是主体，即要拍摄的对象，可能是人，也可能是物，比如建筑等。第二是陪体，也称宾体或客体，主要用于陪衬或修饰主体，或与主体构成一定的故事情节来共同表达主题。第三是前景，其位于主体景物之前，起到陪衬和过渡的作用。第四是背景，主要用于交代主体所处的环境、时间等信息，并可以起到衬托主体的作用。第五是留白，是指画面中留出的一定的空白区域，没有重点景物，是留给观者休憩和思考的空间。

画面中，长城是主要的表现对象，是主体；近处的桃花是前景，对长城起到了一个很好的陪衬和过渡作用；蒸腾的云雾以及山坡上的桃花可以作为陪体，起到了衬托和强调主体长城的作用；远处的天空是背景，非常干净，避免干扰长城主体的表现力；天空上半部分没有太多的景物，属于留白实际的创作中，并不是所有画面都具备全部这些构图元素，如有的画面没有陪体，有的没有前景，有的没有留白。所以，并不能说未包含所有构图元素，画面效果就不好。

这个画面没有明显的前景，只是重点表现具有传统中式风格的门环，画面的光影以及质感都非常强，表现力同样很强

背景及人物的服饰很容易吸引观者的注意力，但这个画面是没有明显前景的

### 3.1.3 主体与主题

关于构图，还应该明白一个重要的概念——主题。主题与主体一字之差，但含义完全不同。将摄影作品比喻成一篇文章，那么主题就是文章的中心思想，是作者要表达的观点；而主体则相当于文章中的主角，是通篇文章重点描写的对象。从这个角度来说，主题更加抽象，是宏观的概念，主体是比较具体的对象。

这个画面中，湖面美景是主题，木船则是主体。借助主体以及整个环境来表现主题，画面还是比较成功的

054

尽管画面中占有明确的拍摄主体，但并不妨碍高山美景的表现力。也就是说，主体并不是
必不可少的，主题才是画面最重要的元素

### 3.1.4　前景

无论是拍摄风光还是人像，前景都是极为重要的。前景的重要性主要在于

可以改变画面给人的视觉感受，呈现出更多不同的画面效果，提高拍摄的出片率。

一般来说，前景有多种功能：它可以构成框景来强调主体，可以丰富画面的内容和影调层次，还可以引导观者的视线到画面深处。另外，在拍摄同一场景时，稍稍移动视角改变前景，就可以拍出一张不同的画面。

利用前景构成一个框景，强调了远处的长城，让画面有更强的
现场感，给观者身临其境的感觉

利用前景进行过渡，让远处的主体不至于太突兀，丰富了画面的层次和内容

前景的溪流将观者的视线引向
画面的深处，增加了画面的深
度和空间感

这两个画面是在同一场景下拍摄的，只是在拍摄时稍稍改变了取景的角度。可以看到两个画面前景不同，画面效果也不同，选用不同前景进行同一场景的拍摄提高了拍摄的出片率

## 3.1.5　透视

透视是指拍摄场景中各景物在画面上所呈现的距离以及空间关系。若能在画面中将真实场景中景物的距离和空间关系非常好地表现出来，那么该画面的透视感将会是非常理想的；如果无法表现出来，或者说表现得不够真实自然，那么画面的透视感将会较差。

透视的概念比较抽象，这里通过具体的案例来进行说明。

画面中，近处的河流与远处的山脊形成了远近对比的关系，从视觉上我们会感觉近处的河流与远处的山脊有很远的距离，因而画面也比较立体

若没有近处河流作为对比，远处三层山脊虽然彼此之间有很远的距离，但却仿佛被压缩在了一起，画面的透视感非常弱

小贴士

　　需要注意一点，透视感强弱并不能成为判断画面好坏的标准。一般来说，使用广角镜头拍摄的画面透视感要强一些，所表现的场景更宏大；而使用长焦镜头拍摄的画面，透视感要稍弱一些。

　　另外，还要注意另外一种透视，即空气透视。所谓空气透视，是指近处的景物往往非常通透、清晰，而远处的景物则比较朦胧、模糊，这符合人眼视物的自然规律。用眼睛观察眼前的场景时，也是近处的景物清晰，远处的景物朦胧、模糊。

### 3.1.6　俯拍与仰拍

　　高机位常用于风格摄影中。高机位俯拍搭配广角镜头，再加上较远的拍摄距离，可以在有限的画面中得到非常广袤的视角，容纳更多的景物。不仅如此，还可以将主体投射在广阔的背景上，营造出特殊的效果。

这个画面是站在高楼楼顶俯拍拍摄的，将远处的城市风光纳入镜头，视野显得非常开阔

　　仰拍是指镜头向上仰起进行的拍摄，一般用于拍摄比较高大的景物，或者景物原本就位于上方时。仰拍拍摄出的对象看起来会更显高大、雄伟、有气势。仰拍的同时使用广角镜头，并靠近景物拍摄，更能突出被摄主体的高大和气势。

仰拍拍摄的建筑雕塑给人一种非常高、非常雄伟的视觉感受和庄严肃穆的感觉

这个画面同样是仰拍得到的，给人很明显的压迫感，让人有一种眩晕的感觉

### 3.1.7　封闭与开放

　　拍照时，将主体或重点对象拍完整，能够给人圆满、完整的心理暗示，这种构图形式也称为封闭构图。但这样做容易产生新的问题，那就是画面可能会显得过于规整，缺乏变化，视觉冲击力不够。反之，如果取景时只截取主体对象的局部，使画面变为开放构图，则相当于放大了主体的局部，展示出更多的细节和纹理，增强画面的质感和视觉冲击力；同时，还可以让观者有更多的想象空间。

这个画面采用的是封闭构图，主体以及陪体都被完整地表现了出来，给人一种比较完整的视觉感受

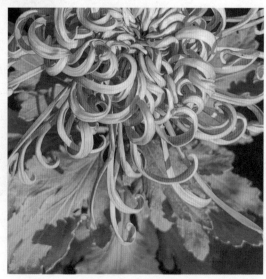

这个画面是很明显的开放构图，只截取了主体的局部进行表现，达到窥一斑而知全豹的效果，也给了观者想象的空间

### 3.1.8 视频横竖的选择

下面介绍横构图和竖构图（也称为直幅构图）的概念。横构图是视频拍摄时使用较多的一种构图形式，更符合人眼左右看事物的规律，并且能够在有限的画面中容纳更多的环境元素。一般情况下，横构图多用于拍摄宽阔的风光画面，如连绵的山川、平静的海面等，还适用于表现运动中的景物。

竖构图也是视频拍摄的一种常用构图形式。这种构图形式有利于表现上下结构特征明显的景物，其可以把画面中上、下部分的内容联系起来，还可以将画面中景物表现得更高大、挺拔和庄严，拍人物时则更有利于强调人物的身材。

横构图能容纳更多景物，可以在突出表现主体的同时，呈现一定的环境。如上图所示这个画面既突出了夜景中的建筑，又呈现出周边的环境

改为竖构图后，强调了建筑的高度、结构和线条，而周边的环境感相应地会稍弱一些

## 3.2 景别

**远景**

远景、全景等说法，源于电影摄像领域，一般用来表现远离摄影机的环境全貌，常见于展示广阔的空间环境、自然景色和群众活动大场面的画面。远景相当于从较远的距离观看景物和人物，视野宽广，人物较小，背景占主要地位。

事实上，从构图的角度来说，远景适用于一般的摄影领域。在摄影作品中，远景通常用于介绍环境、抒发情感。

利用远景表现出了城市的环境，将天气等信息交代得非常完整

这个画面表现的是司马台长城的望京楼。利用远景来呈现这段长城的美景，可以将大致的时间（日出或日落时分）、天气等信息交代得很清楚

**全景**

全景，是指表现人物全身的景别。以较大视角呈现人物的体型、动作、衣着打扮等信息，虽然以全景进行拍摄的画面中人物表情、动作等细节的表现力可能稍有欠缺，但全景胜在全面，能以一个画面将人物各种信息交代得比较清楚。

这个画面以全景呈现人物，将人物身材、衣着打扮、动作、表情等都展示出来，信息是比较完整的

**中景**

中景是指拍摄人物膝盖以上部分的景别。在风光题材中，运用中景，不但可以加深画面的纵深感，表现出一定的环境、气氛，还可以强调主体，让主体更加突出。

这个画面便是典型的中景，既表现了环境，又突出了主体

**特写**

特写，是指重点表现拍摄主体某个局部的景别。特写镜头能表现人物或动物细微的情绪变化，使观者在视觉和心理上受到强烈的感染。

有时候，以特写视角来表现人物、动物或其他对象的重点部位时，更多呈现的是这些重点部位的细节和特色。像上图所示这个画面，表现的就是山魈面部的细节和轮廓

 黄金法则与三分法构图

### 3.3.1　黄金法则

古希腊学者毕达哥拉斯发现，将一条线段分成两份，当较短的线段与较长的线段之比为 $0.618:1$ 时，这条线段看起来更具美感；并且，较长的线段与这两条线段长度之和的比率也为 $0.618:1$，这是很奇妙的。

在摄影领域，基于当前比较常见的 $3:2$ 的画面比例，将画面分为三份，具体怎么分呢？其实很简单，在 $3:2$ 比例的画面中引一条对角线，然后从其余两

个角中的任意一个角向这条对角线引一条垂线，这样，就将画面分为三部分，
分别为 $a$、$b$ 和 $a+b$（如右方第一图所示）。其中，$a$ 的面积与 $b$ 的面积之比就
近似于 0.618∶1；同样，$b$ 的面积与 $a+b$ 的面积之比也近似于 0.618∶1。

如果拍摄的画面将主要景物按照这种比例来划分，那么画面看起来就会具
有美感。这就是黄金法则在摄影中的具体应用。

在实际拍摄中，不可能将每个场景
都如此精确地按黄金比例划分为三个部
分，因此在实际应用中，往往专注于寻
找构图点，也就是黄金构图点。黄金构
图点是指对画面进行如上所述的黄金分
割后，从角向对角线引的垂线的垂足。
构图时，将主体置于黄金构图点上，就
能够使主体醒目和突出。

黄金法则构图示意图（1）

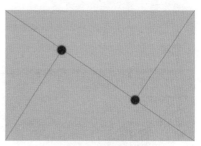

黄金法则构图示意图（2）

## 3.3.2　三分法构图

通常来说，主体的位置安排关乎画面的效果。前面介绍过黄金构图点，那
么简单的技巧就是将主体放在黄金构图
点上。实际上，寻找黄金构图点会比较
麻烦，简便的方法是可以将主体放在画
面横竖三分线的交叉点上，这几个交叉
点接近黄金构图点，是很好的位置选
择。当然，还有一些其他的位置，我们
应根据场景的不同及主体自身的特点来
进行安排。

三分法构图示意图

在画面中，白色的轿车出现在理想的构图点上，显得突出醒目，而画面整体又比较自然

主体不是只能安排在黄金构图点和三分线交叉点上。构图是一种艺术创作，表现手法也变化万千。即便主体没有位于理想的构图点上，只要画面取得了平衡，那就表示构图是比较成功的。

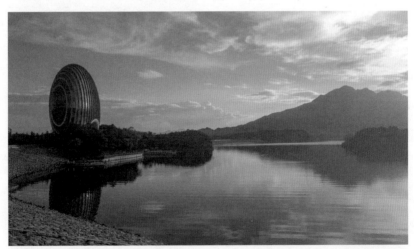

这个画面中，作为主体的建筑并没有在黄金构图点或三分线交叉点上，但画面是比较协调的，这也是成功的构图

　　除主体之外，对于画面中的其他景物，我们也可以用三分法构图来安排位置。比如，将天际线放在三分线的位置，使天空与地面景物占比为 1 : 2，画面往往会有不错的视觉效果。

　　三分法源自黄金法则，画面效果也符合美学规律，看起来比较协调、自然。具体操作时需要注意的是应将景物放在画面上 1/3 处还是下 1/3 处。

这个场景中，地景的长城更有表现力，因此地景要占据画面的 2/3，天空则占 1/3

# 3.4 对比构图的趣味性

对比构图是构图中非常重要的一种方法，是指通过画面中景物的远近、虚实、大小等不同的关系来营造对比和冲突，以增强画面视觉冲击力，让画面充满故事感和趣味性，变得更耐看。

## 3.4.1 远近对比构图

远近对比与大小对比是有一定联系的，它们同样有大小的差异，但远近对比还有距离上的差异。这种对比构图的画面内容和层次更加丰富，并且蕴含一定的故事性，更耐看也更有美感。

这个画面中，近处的木船与远处的木船形成了一种远近的对比关系，让画面变得更有深度、更有空间感、也更立体

### 3.4.2　虚实对比构图

虚实对比是一种非常常见的构图形式。它以虚衬托清晰（实），突出主体，强化画面的主题。

这个画面以虚化的背景花卉衬托清晰的主体。需要注意的是，这种虚实对比要确保主体是清晰的；另外，不能让虚化的区域过度虚化，没有一点轮廓，否则没有虚实对比的效果

### 3.4.3　大小对比构图

远近对比侧重于距离远近的对比，而大小对比则侧重在同一个焦平面区域内景物大小的对比。

两个蘑菇呈一大一小的对比，让画面充满趣味性

### 3.4.4 明暗对比构图

大多数情况下，明暗对比会用大面积的暗环境来衬托明亮的主体。

这个场景整体比较灰暗，作为主体的长城却比较明亮，这便是利用暗处的景物来衬托亮处的景物的例子，是一种明暗对比

### 3.4.5 色彩对比构图

画面中色彩反差较大会产生明显的对比。最强烈的色彩对比主要是指景物间颜色构成互补关系时的对比。

这个画面利用绿色的叶子与粉色的花朵进行对比，营造出一种强烈的视觉冲突感，强化了画面的视觉效果

## 3.5　拍出有趣的画面

**框景构图**

框景构图是指在取景时，将画面重点部位利用门框或其他框景框出来，引导观者的注意力到框景内的对象上。这种构图方式的优点是可以使观者产生跨过门框即进入画面现场的视觉感受。

与明暗对比构图类似，使用框景构图时，要注意控制曝光程度，这是因为很多时候边框的亮度往往要暗于框景内景物的亮度，并且明暗反差较大。通常的处理方式是着重表现框景内景物，使其曝光正常、自然，而对于会有一定程度曝光不足的边框，则保留少许细节起修饰和过渡作用即可。

画面中，利用长方形的边框构成框景，强调里面的花朵

这个画面中，周边盛开的桃花形成一种天然的框景，对远处的城楼进行了强化，让人有一种身临其境的感觉

这个画面中，两边以及远处的树木形成了一个天然的框景，像是拉开的帘幕，对烟雾中的人物进行了强化，增强了画面的现场感

## 对称构图

对称可以让画面显得比较圆满、完整和协调。借助玻璃或水面，景物可以与其倒影形成一种虚实对比的关系，让画面更具形式美。

这个画面中，建筑与水面中的倒影形成了对称关系，使得画面中既有景物对称，又有虚实对比

这个画面中，主体本身是左右对称的。这种画面往往会显得比较完整和协调，给人一种非常规整、稳定的感觉

### 放射式构图

放射式构图也称为发散型构图、扩散式构图，是指以主体的重点部位为中心，景物向画面四周呈放射状分布的构图形式。放射式构图可以将观者的注意力集中到主体上，然后又向四周延伸和扩展。通过这种构图形式，可以在画面对象比较复杂时汇集观者的视线，突出主体。但是如果放射式构图运用不当，可能会使人产生压抑、沉重的感觉。这种构图形式的使用范围较广，风光、静物等题材均可使用。

这个画面中，发散的光线给人带来非常强的视觉冲击力

## 对角线构图

对角线构图是指画面中的主体或景物沿着对角线分布的构图形式。这种构图形式往往会给人一种动感或活泼的感觉。

这个画面中，利用对角线构图来表现景物，给人一种非常不稳定的感觉，强调了山体的高度

**三角形构图**

通常，三角形构图有两种形式：正三角构图与倒三角构图。

无论是正三角构图还是倒三角构图，均有两种解释：一种是利用画面中景物的三角形形状来进行命名的，是主体形态的一种自我展现；另一种是画面中多个主体按照三角形的形状分布，构成一个三角形的样式。

无论是单个主体形态呈三角形还是多个主体组合成三角形，正三角构图都给人一种安定、均衡、稳固的心理感受，而多个主体组合成的正三角构图还能够传达出一定的故事情节，表达主体之间的情感或其他关系；而倒三角构图给人的感受恰恰相反，传达的大多是不安定、不均衡、不稳固的心理感受。

自然界中，大部分的山体都是呈近似三角形的

**小贴士**

仰拍高大的建筑物时，往往也利用三角形构图。

如下页所示的两张照片，画面呈现出倒三角形的结构，给人眩晕、不安定的感觉。这种倒三角构图的画面给人的视觉冲击力非常强。

在仰拍角度下，天空边缘呈倒三角形

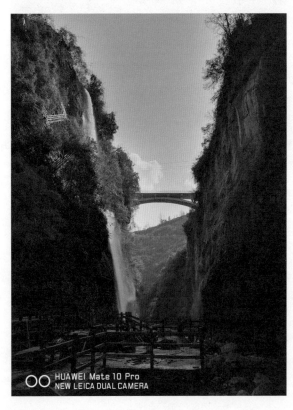

在山谷中仰拍，同样可以轻易获得倒三角构图的画面

### S 形构图

S 形构图是指使画面主体呈类似 S 形状的构图方式。S 形构图强调的是线条的力量。这种构图方式可以给观者以优美、活力、延伸感和空间感等视觉体验。观者的视线会随着 S 形线条的延伸而移动，逐渐延伸到画面边缘。由此可见，S 形构图多见于广角镜头拍摄的运用中，这是由于广角镜头拍摄视角较大，空间比较开阔，并且景物透视性能良好。

风光类题材是使用 S 形构图较多的题材，海岸线、山中曲折小路等多用 S 形构图来表现。在人像类题材中，如果人物主体摆出 S 形造型，会给人一种时尚、美艳或动感的视觉体验。

蜿蜒的 S 形城市道路，将观者的视线引导到画面深处

### V 形构图和 W 形构图

V 形构图与 W 形构图相似，经常被用于表现山体或平面设计中的一些图案。从摄影的角度来看，表现连绵起伏的山脊时，两侧的山体线条向中间交会，若山谷中没有山峰等其他景物，那画面构图便是 V 形构图；若山谷中有一座完整的山峰，那构图形式便为 W 形构图。无论是 V 形构图还是 W 形构图，都比较符合我们的视觉习惯，令人感觉画面自然、好看。

实际上，V形构图也是倒三角构图的一种表现形式。画面中，山体以及山谷呈V形，像一个倒三角形

## C形构图

C形构图是指画面中主要的线条或景物，沿着英文字母C的形状进行分布的构图形式。相对来说C形线条是比较简洁流畅的，有利于在构图时让画面干净好看。C形构图非常适用于海岸线、湖泊的拍摄。

沿着岸边分布的建筑，构成了很明显的C形，画面给人非常自然的感觉

### L 形构图

　　L 形构图是一种比较奇特，但又符合美学规律的构图形式。这种构图的画面，往往视觉冲击力很强。有时候视觉中心被放在 L 形转折处的区域，画面整体显得匀称；有时候被摄主体自身呈 L 形，这时要表现的便是被摄主体自身的形态特点了。

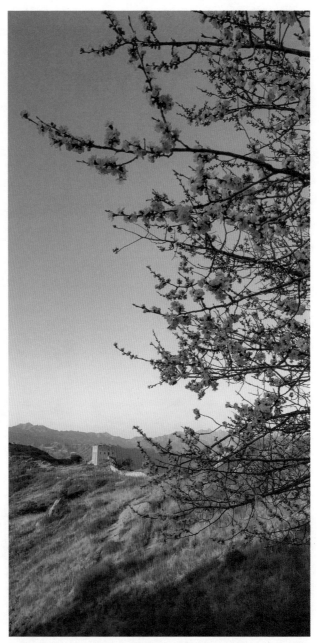

这个画面中，地面景物与树枝形成了一个 L 形的结构，主体位于下方的线条附近，整体呈 L 形，看起来会比较有新意

用光基础

### 3.6.1 影调

影调是指画面的明暗层次。明暗层次的变化，是由景物的受光以及景物自身的明暗与色彩变化所造成的。如果说构图是影响画面成败的基础，那影调则是影响画面是否具有美感的重要因素。

根据影调亮暗和反差的不同，画面可分为亮调、暗调和中间调。根据光线强度及反差的不同，画面可分为硬调、软调和中间调。

画面需要有丰富的明暗影调层次才会好看。画面层次不够，会给人单调乏味的感觉

有明显光线的场景，有利于营造画面丰富的影调，增加画面表现力

### 3.6.2　直射光与散射光

直射光是一种照射明显的光线，也称为硬光。当直射光照射到被摄主体上时，被摄主体产生受光面和阴影两部分，且这两部分的明暗反差明显。直射光有利于表现景物的立体感，勾画景物轮廓、体积等，并且能够使视频画面产生明显的影调层次。

直射光示意图

在直射光的照射下，被摄主体出现了阴影，画面的明暗层次丰富，立体感强

在接近于顺光的光线下拍摄时，画面可能会缺乏明暗对比。但对于右图所示的画面来说，由于机位较高，在顺光下，附近的山峰在远处的山体上产生了投影，因而产生了明显的阴影，由此丰富了画面的影调

这个画面虽然是散射光环境，还是可以明显感受到光线的方向的。在保留足够丰富的细节的前提下，可以适当强化光线，让画面的影调层次变得更丰富

散射光是指没有明显直射的光线，是一种软光。散射光类似于由反光板反射的柔和光线，景物的受光面和背光面可以柔和地衔接，没有明显的投影对比。散射光较柔和，可减弱被摄主体粗糙不平的质感。在自然光条件下，单一的直射场景较少见，大都是直射光和散射光混合的光照环境。

需要注意的是，散射光并不是完全没有方向的。有时能够看到光源的位置，在景物上也可看出受光面和背光面。

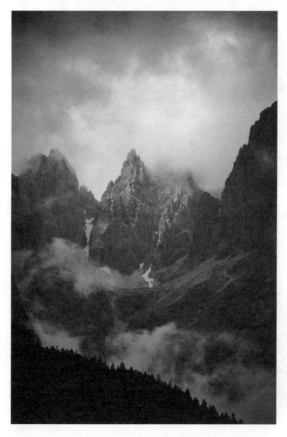

这个画面中，影调与色彩的变化主要来源于景物自身，与光线的照射方式没有太大关系。由于山体本身比较暗，与漂亮的云雾、天空搭配，产生了丰富的影调层次变化

### 3.6.3　顺光与逆光

　　顺光是镜头背向光源，被摄主体面向光源的情况。在顺光条件下，被摄主体受光均匀，色彩还原真实、饱和，因此可以清晰准确地表现出颜色和形状。

　　顺光拍摄时，由于机位和光线方向一样，拍摄主体是受光均匀的，不会出现很明显的光影变化，因而画面往往会缺少影调层次与立体感。在拍摄视频时应尽量避开顺光的拍摄角度，避免拍摄出缺乏影调层次的画面。应特别注意的是，在拍摄建筑类、风景类的画面时，更要避免顺光拍摄。

顺光示意图

顺光拍摄的画面

逆光就是镜头朝向光源，被摄主体背向光源的情况。逆光拍摄难度较大，对摄影师的能力要求较高。逆光拍摄一般用于营造朦胧氛围，突出被摄主体轮廓等。

　　逆光拍摄时需要注意，如果镜头中出现太阳，那么太阳周围区域容易出现高光溢出的情况，产生过曝的问题。但如果控制得当，逆光下拍摄的画面感染力会比较强。

　　在实际拍摄中，逆光以及后面将提到的侧光和侧逆光拍摄都是使用频率较高的拍摄方式。

逆光示意图

逆光拍摄的画面

### 3.6.4　侧光与侧逆光

　　侧光是指光源从被摄主体的侧面照射的光线。在侧光条件下，被摄主体上形成明显的受光面、背光面和投影，画面明暗反差鲜明，层次丰富，多用于表现被摄主体的立体感。

　　侧光是较为理想的拍摄光线，拍摄时，画面不易发生明显的亮部过曝或暗部过暗的问题。

侧光示意图

侧光拍摄的画面

从拍摄主体侧后方照射过来的光线叫作侧逆光。侧逆光多用于表现人物面部，使画面具有很强空间感，让人物生动活泼。

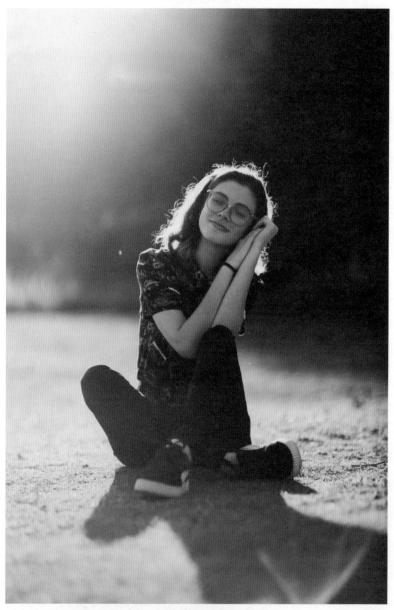

侧逆光拍摄的画面

### 3.6.5　顶光与底光

顶光是从被摄主体上方照射的光线。在室外拍摄时，人物或物体在顶光下拍摄，容易产生一种反常奇特的形态，所以应避免在室外顶光情况下拍摄。顶光可用于室内使用人造光源的情况下拍摄，可以更好地突出被摄主体的轮廓和形态，并使被摄主体和周边环境形成区分，营造对比感。

顶光拍摄的画面

底光拍摄的画面（仅供参考）

底光在自然环境中很难遇到，基本都是由人造光源实现的。底光在博物馆、展览馆等场景中多见，一般在拍摄文物、佛像等特定物体时使用。

### 3.6.6　巧用对比

在前面的介绍里提到过，散射光环境下拍摄的画面往往会缺乏光影对比，画面层次会显得单调乏味。如果在这种条件下进行拍摄，可以利用自身色彩对比强烈的被摄主体进行表现，以确保拍摄的画面有更强的表现力。

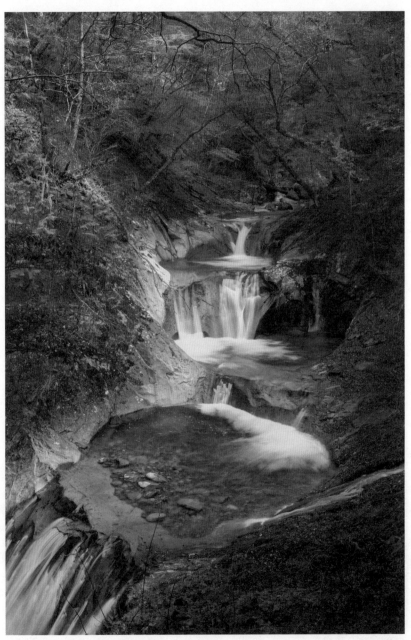

这个画面中，白色的溪流与周边深色的岩石形成了明暗的对比，而红叶与黄叶也形成色彩上的反差，所以即便是在散射光下拍摄，画面的影调层次和色彩也都是比较理想的

### 3.6.7　运用剪影效果

剪影是一种突出被摄主体，表现物体外形和轮廓的拍摄方式。剪影的拍摄对象可以是人、物或某个场景，被摄主体往往只表现出轮廓，而没有纹理、色彩等细节。摄影师运用逆光拍摄时，可使用明亮背景衬托较暗的被摄主体来拍摄剪影。

使用剪影手法时，被摄主体需要有背景的配合，效果取决于被摄主体的轮廓。比如远处的雪山与近处的人像，被摄主体人像没有亮度与色彩特征，背景雪山却具有这两种重要元素，此时即可运用剪影手法进行拍摄。

拍摄剪影效果的具体操作如下。

（1）选定合适的光影。一般是逆光下拍摄，多选择具有明显光源的场景，并对场景中的亮点测光，这样手机会压低曝光值拍摄，只表现主体轮廓。拍摄时间需要提前规划，避免错过合适光源时间段。

（2）选定合适的拍摄背景。干净的天空做背景较为理想。背景中的景物线条不要过多过杂，否则背景中的某些景物也形成剪影，与被摄主体重叠，会使整个画面的美感破坏。

（3）选定合适的取景角度和距离。被摄主体与相机以及与背景的距离都需要经过设计，可以自行选用适合整体画面意境的构图方法进行拍摄。

这个画面以剪影的形式表现出了人物的轮廓

这个画面以半剪影的方式呈现优美的湖面风光，隐去了画面中杂乱的细节，使画面变得比较干净

 **3.7 色彩的魅力**

本节将讲解色彩的属性，以及色彩的应用方法。

### 3.7.1 色彩语言

红色是三原色之一，属于暖色调，代表着温暖、热烈、奔放。生活中许多元素都会用到红色，比如春联、灯笼等，红色会给人以喜庆的感觉。在早晚两个时段拍摄时，画面整体风格也会偏红、橙等色彩，显得热烈、奔放、生动，具有吸引力。

红色

　　橙色，是介于红色和黄色之间的颜色，又称橘黄色或橘色，属于暖色调。橙色是欢快、活泼、热情的色彩，经常会让人联想到金色的秋天，也代表着收获、富足、快乐、幸福。

　　橙色的视觉穿透力仅次于红色，属于醒目的颜色。一天中，早晚的环境色多以橙色、红色与黄色的混合色为主，通常能够传递出温暖、活力的感觉。具有代表性的橙色物品有橙子、橙汁等。

橙色

黄色是较为中性的颜色，亦属于暖色调。黄色的色彩明度非常高，给人轻快、辉煌、收获满满的感觉。因为黄色亮度较高，所以经常会使人感觉到不稳定、不准确或是容易发生偏差。在摄影中，花卉是黄色比较集中出现的题材，迎春花、郁金香、菊花、油菜花等都是非常典型的黄色花，这些花给人带来或轻松、明快或高贵的感觉。秋季的黄色则是收获的象征，无论是果实的黄色，抑或是麦田与稻田的黄色，都会给人一种富足与幸福的感觉。

黄色

　　绿色是三原色之一，是自然界中非常常见的颜色。绿色既不属暖色，也不是冷色，而是属于偏中性化的色彩。绿色通常象征着生机、朝气、生命力、希望、和平等。饱和度较高的绿色非常美丽、优雅，给人以生机勃勃的感觉，象征着生命。

绿色

　　青色是介于绿色和蓝色之间的过渡色，属于冷色调。这种颜色的亮度很高。拍摄蓝色天空时，稍稍过曝就会呈现出青色。青色象征着坚强、希望、古朴和庄重，传统的器物和服饰常常采用青色。

青色

　　蓝色是三原色之一，是一种非常大气、平静、稳重、象征着理智的色彩，属于冷色调。蓝色的景物有许多，比如天空、海水、湖泊等。蓝色是色彩中最冷的色调。在商业设计中，强调科技和智能化的企业多会选用蓝色作为标志色彩。许多国家警察的制服也是蓝色的，而警车和救护车的灯一般也是蓝色的，因此蓝色有着勇气、冷静、理智、永不言弃的含义。

蓝色

紫色是人眼从可见光谱中所能看到的频率最高的光的颜色，属于冷色调，通常象征着高贵、美丽、浪漫、神秘、孤独、忧郁。自然界中紫色多见于花卉以及早晚的天空等。

紫色

　　白色是非常典型的一种混合色，明度最高，无色相，三原色叠加后呈现白色，自然界的 7 种光谱经过叠加也变为无色或白色。白色代表纯洁，也能表达不同的情感，如平等、平和、纯净、明亮、朴素、平淡、寒冷、冷酷等。

　　在摄影中，白色多与其他色调搭配使用，例如黑白搭配能给人以非常强烈的视觉冲击。拍摄白色的对象时，要特别注意整体画面的曝光，因为白色部分所在区域很容易因曝光过度而失去其表面的纹理。

白色

### 3.7.2　冷暖对比画面

色彩之间具有冷暖对比的特点，而色彩的冷暖按以下方法区分：红、橙、黄等色彩为暖色调，青、蓝、紫等为冷色调。从右图所示的色轮图中可以看到，冷暖的划分是很明显的。

色彩讲究冷暖搭配，大面积的冷色调搭配小面积色彩浓郁的暖色调，可突出被摄主体的暖度。大面积的暖色调搭配小面积的冷色调，则可以突出冷色的特点。

色彩冷暖对比示意图

初升的太阳与雪山同框，地面大片景物呈冷色调，与暖色调的天空形成了冷暖对比，意境优美

### 3.7.3　相邻配色的画面

人们为了认识和掌控色彩，将可见光的光谱用一个圆环来表示，即色轮。

在色轮中，两两相邻的颜色，如红色与黄色、黄色与绿色、绿色与青色等，称为相邻色。相邻色的特点是颜色相差不大、区分不明显，摄影时取相邻

相邻配色示意图

色搭配，会给观者以和谐、平稳的感觉。

一般情况下，很少见到纯色的场景，所以在摄影中进行取景要考虑色彩搭配的问题。

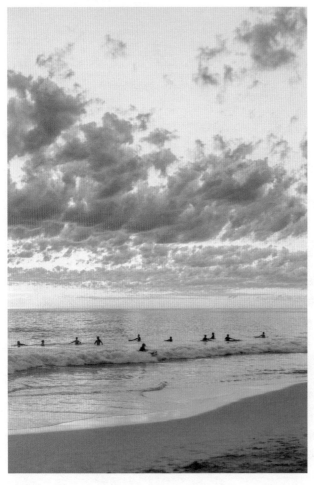

这个画面中，晚霞的黄色、橙色与红色交织在一起，整体看起来非常协调。有非常多形式的相邻色搭配，常见还有黄色与绿色、青色与蓝色、蓝色与紫色等搭配

### 3.7.4　对比配色的画面

　　在色轮中，任意一条对角线两端的颜色互为互补色。例如，黄色与蓝色、红色与青色、绿色与紫色等均为互补色的例子。以互补色搭配的画面，画面的视觉冲击力很强，会给人以强烈的对比效果。例如，蓝色与黄色搭配的画面会有很强的视觉冲击性。

地景的黄色与天空的蓝色是互补色，这两种色彩搭配会产生强烈的色彩对比

人物手中粉色和黄色的鸡尾酒，让画面有颇具跳跃性的视觉效果，冲击力较强

### 3.7.5 黑白画面

在一些场景中色彩多且杂乱，会给人不好的观感，但景物自身的内容性或故事性，或是画面结构、线条、图案等表现力较强，如果色彩对画面主题的表现没有太大作用，可将画面转为黑白，以有效避免色彩干扰，强调画面主题。

黑白镜头中，强烈的光影对比让画面的光影效果更加强烈

# 第4章

## 短视频分镜头设计、故事画板、场景、服装与道具

本章主要讲解短视频的创作思路和拍摄技巧，具体内容包括分镜头设计、故事画板、场景选择，以及服装、人物造型、道具的选择等。

## 4.1 分镜头设计

### 4.1.1 正确理解分镜头

分镜是指视频（例如电影、动画、电视剧、广告等）在实际拍摄之前，以故事画板的方式来说明连续画面的构成，将连续画面以运镜为单位进行分解，并且标注运镜方式、时间长度、对白、特效等。

从短视频的角度来说，分镜头是创作者（可能是视频拍摄者兼剪辑师）构思的具体体现。在视频拍摄之前，可以将

| 镜号 | 景别 | 人物 | 场景 | 时间 | 拍摄方式 | 备注 |
|------|------|------|------|------|----------|------|
| 1 | | | | | | |
| 2 | | | | | | |
| 3 | | | | | | |
| 4 | | | | | | |
| 5 | | | | | | |
| 6 | | | | | | |

故事短片的分镜格式

短视频内容拆分为一个个单独的镜头，针对各镜头写出或画出分镜头脚本。

| 风景宣传片 分镜头脚本 | | | | | | |
|---|---|---|---|---|---|---|
| | | | | 地点：×××旅游景区 | | |
| | | | | 影片时长：2分钟 工作人数：×人 | | |
| 分镜头编号 | 画面内容 | 拍摄方法 | 镜头时长 | 景别 | 音乐 | 备注 |
| 01 | | | | | | |
| 02 | | | | | | |
| 03 | | | | | | |
| 04 | | | | | | |
| 05 | | | | | | |
| 06 | | | | | | |

风景宣传片的分镜头脚本

每个精心设计的镜头和段落之间流畅的衔接，体现了创作者对视频内容的整体布局、叙述方法，以及对细节的处理及表现。

| 校台宣传片 分镜头脚本 | | | | | | | | |
|---|---|---|---|---|---|---|---|---|
| 编导：张×× | | | | | 总时长：4~5分钟 | | | |
| 镜号 | 画面内容 | 景别 | 拍摄方法 | 时间 | 机位 | 音乐 | 音效 | 备注 |
| 地点：教学楼前 | | | | | | | | |
| 1 | 从教学楼前用草拼出的校标中缓缓升起校园电视台的台标，台标被光圈笼罩着 | 中景 | 镜头随台标的上升面上升，上到一半，镜头停止向上摇 | 3s | 正前方 | 歌曲宏伟 | | 背景没有人走动 |
| 2 | 台标先停在半空中，然后从轻轻抖动到大幅度抖动，台标上的光圈慢慢脱落，最终"破茧而出" | 中景 | 固定镜头，台标"破茧而出"的时候从镜头的左上方飞出镜 | 2s | 前斜侧面 | | 玻璃破碎的声音 | |
| 3 | 以教学楼为背景，台标由近到远飞向教学楼 | 空镜头 | 固定镜头台标从镜头的右下方入镜，小仰拍 | 1s | 台标的后方 | 歌曲宏伟 | | 有学生 |
| 地点：教学楼 | | | | | | | | |
| 4 | 陆陆续续有同学进入教学楼准备上课，台标从大门飞向教学楼A栋与B栋之间的空地 | 空镜头 | 镜头先对着教学楼大门，小仰拍，等台标进入教学楼后跟随台标移动镜头 | 1s | 侧面 | | | |
| 5 | 台标在A栋与B栋之间的空地上向上飞舞 | 空镜头 | 固定镜头俯拍 | 2s | 台标下方，教学楼一楼 | | | |
| 6 | 台标从一楼向四楼上升，每一层都有学生走动，快到四楼的时候有记者和摄影师正在采访一名同学，摄像机一直升到略高过他们的头顶才停止 | 空镜头 | 镜头向上升，小仰拍，升到3楼到4楼的过程中，镜头慢慢向外移，略高过他们的头顶（由小仰拍变成俯拍） | 2s | 镜头与走廊成45°角 | 轻快，有节奏感 | | 主观镜头 |
| 7 | 记者和摄影师一直进行采访，台标从左至右围绕着他们转两圈 | 空镜头 | 平拍，跟台标转的方向相反地移动一圈 | 2s | 镜头从右向左移动 | | | |
| 8 | 台标绕完以后飞向教学楼顶楼的天空，记者和摄影师仍然在工作 | 空镜头 | 固定镜头，台标由近到远地飞走了 | 1s | 记者和摄像师的右后方 | | | |

校台宣传片的分镜头脚本

创作者要将自己全部的创作意图、艺术构思和独特的风格融入分镜头脚本中。

## 4.1.2 设计分镜头

（1）首先要规划好视频的起始、高潮与结束各阶段的内容和表达方式，从头到尾按顺序分成若干个分镜头，列出总的镜头数。然后考虑哪些地方应详细，哪些地方可简单一些，总体节奏应如何把握，结构如何安排才能合理，以及是否要进行必要的调整。

（2）根据拍摄场景和内容定好次序后，按顺序列出每个镜头的镜号。

（3）确定每个镜头的景别。景别对视频效果有很重要的影响，并能起到决定视频的节奏、景物的空间关系和人们认识事物的规律的作用。

（4）确定每个镜头的运镜方式和镜头间的转换方式。

（5）预估各镜头的长度。镜头长度不仅仅取决于阐述内容和观者领会镜头内容所需的时间，并且还受情绪的延续、转换或停顿（以秒为单位进行估算）的影响。

（6）完成视频大部分内容的构思，搭成基本框架；然后再设计较次要的内容并考虑转场的方法。这个过程中，可能需要补一些镜头片段，让整个脚本完整。最后形成一个完整的分镜头脚本。

（7）充分考虑字幕、声音的作用，以及这两者与画面的对应关系，并据此设计 BGM、独白、文字信息等。

# 4.2　故事画板

## 4.2.1　认识故事画板

故事画板起源于动画行业，后延伸到电影、微电影行业，用于安排剧情中的重要镜头，相当于一个可视化的剧本，这与简单的分镜头脚本是有区别的。

对于一部电影或微电影来说，故事画板是必不可少的。导演在拍摄一组镜头前，一般都会预先画出分镜头，以速写为主。分镜头在故事画板上把以速写画的形式表现出来，就是人们常说的分镜头分析。

对于短视频来说，如果拍摄之前有故事画板，那么最终展示的效果会好很多，主要体现在画面之间有内在的相互关系和衔接，会更流畅、自然。故事画板展示了各个镜头之间的关系，以及它们是如何串联起来的，有助于给观众一个完整的体验。

场景:＿＿ 描述:＿＿    场景:＿＿ 描述:＿＿    场景:＿＿ 描述:＿＿    场景:＿＿ 描述:＿＿

场景:＿＿ 描述:＿＿    场景:＿＿ 描述:＿＿    场景:＿＿ 描述:＿＿    场景:＿＿ 描述:＿＿

故事画板的格式

专业的故事画板，往往需要专业美工人员才能制作出来

业余人士制作的故事画板，重点在于将分镜头、画面大致效果提前构思出来

| 场景 02 | | 2/3 |
|---|---|---|
| | | |

地点：

对话：n/a

动作：n/a

| 场景 02 | | 3/3 |
|---|---|---|
| | | |

地点：

对话：n/a

动作：n/a

日期：　　　　　　　　　　　　　　　　页码　3

业余人士制作的相对完整的故事画板

### 4.2.2 短视频故事画板

可能很多短视频创作者由于没有系统的视频创作知识和经验，而对故事画板不太了解。但要说明的是，要制作系列短视频，特别是想要在抖音、好看视频等平台进行系统创作并获得盈利的话，学习和制作故事画板是有必要的。

这与任何一个项目在启动之前都要有策划案是一个道理，要想项目运行顺利并能完美收工，必须要有富有创意、亮点，并具有高度可行性的策划案。

对于短视频创作者来说，需要考虑的包括场景的结构、道具，主体人物的服装、语言，镜头的数量、运镜方式和组接等多个方面。

拍摄前期，短视频的故事画板越详细，后续的创作过程也会越顺利，并且出现大疏漏的可能性也越低。

##  4.3 拍摄场景选择

本节结合实际案例，对短视频拍摄中的场景的选择进行了详细的分析讲解。场景是视频画面中场地类型和环境背景的简称，对叙事环境、故事情节的发展及人物的塑造方面起到重要的作用，是一个不可或缺的元素。大到电影、电视剧，小到微电影、短视频的拍摄，都要求选择合适的场景。

### 4.3.1 主题与场景适配

选择短视频场景时，要注意场景与短视频主题的契合度，应根据要表现的主题选择合适的场景。

例如，网络授课类的短视频一般会选择在室内较为安静的场景进行拍摄，并搭配有对应的字幕进行内容引导。如果这类题材的短视频在室外空旷的环境中进行拍摄，则环境和主题可能会不搭边。而情感类短视频则不局限于在室内拍摄，在室外也能取得不错的效果。

在拍摄旅游宣传、美食探店类短视频时，则需要在相应主题的场景中，选择较为安静的地方进行拍摄，并且建议选择空旷、简洁的背景，避免出现人来人往、环境声音过大影响视频拍摄的问题。

　　随着短视频的迅速发展，人们对短视频内容和场景的需求变得更加多样化和专业化。短视频从最初简单粗糙的制作逐渐演变为一门艺术。

　　为了顺应短视频创作的发展趋势，场景的选择变得越来越重要。合适的场景能够对短视频主题起到很好的烘托作用，能够让观众在观看短视频时更加投入。

古装类短视频场景　　　网络授课类短视频场景　　　书法类短视频场景

## 4.3.2　寻找优质场景

　　短视频的场景选择不理想，容易导致视频内容与镜头画风有违和感。究其原因，主观上来说，可能是因为创作者根本没有意识到场景对画面品质和主题所产生的巨大影响；客观来讲，某些场景需要投入成本或产生费用，比如选择旅游景点、"网红"店铺、民宿酒店、豪华游艇等场景拍摄时，或多或少都会产生一定的费用，在此种情况下，就需要寻找低成本、高品质的场景。

**资源置换**

　　在许多影视作品中，演员经常在一些店铺、餐厅、咖啡馆等场景中出现，这些大多是使用资源置换的方法获取的场景。这种方法既可降低场景成本投入，还能将故事情节良好地融入环境氛围中。

例如，要拍摄一个浪漫的约会场景，就可以寻找西餐厅、电影院、游乐场等有浪漫氛围的场景。如果选择的场景是西餐厅，那么将整个餐厅租下来的费用会非常高，而且没有其他用餐者作为背景衬托的话，视频画面就会显得比较空洞。此时你可以和餐厅老板联系，表明拍摄意图和需求，同时提出可以给场地做广告宣传、流量引入、餐品植入介绍等，以争取老板的同意。将双方的优势进行互换，达到共赢，就是资源置换方法。

短视频的拍摄要求没有电影或电视剧那么高，分镜头在几分钟或几十分钟的时间内即可完成拍摄。场地要求也较低，并不需要将整个餐厅环境纳入镜头画面中，往往只需要对某一个角落取景即可。

咖啡馆场景

餐厅场景

### 公共场景

公共场景涵盖的面较广，既有广场、公园、夜市等室外公共场景，也有商场、地铁站等室内公共场景。公共场景的特点是无需额外支付费用即可使用。在公共场景中拍摄时需要注意不要影响其他人的正常生活，街头采访或是邀请路人入镜时应先征得其同意。

欧洲古城街头　　　　　　　　商场门口　　　　　　　　国外街头

### 租赁场景

部分短视频在拍摄时会遇到以上两种方式均不适用的情况，此时可考虑寻找价格较低的影棚进行拍摄。

对于初学者来说，即使现在没有拍摄需求，也要提前积累相关资源，在遇到紧急情况时才能做到临危不乱而不致影响拍摄节奏和效率。部分影棚还兼顾车辆租赁、服装道具租赁、摄影器材租赁等业务，几乎可以满足短视频拍摄的所有需求。

在影棚内拍摄商品短视频 1　　在影棚内拍摄商品短视频 2　　在影棚内拍摄商品短视频 3

影视城内景（门票或资源置换）　　足球场（包场费用）

# 4.4　服装和道具的选择

## 4.4.1　服装与造型的选择

服装与造型的选择和场景的选择同样重要，都能对视频内容的表达产生较大的影响。如何选择合适的服装与造型，是短视频创作者必须掌握的内容。下面根据几个热门短视频类别的实际案例，具体分析服装和造型应该如何选择。

在短视频中，对人物服装的要求往往没有影视作品那么高，一般的穿搭就可以满足基本的拍摄要求。

拍摄商务类视频时，选择衬衣、西装、Polo 衫等服装就是合适的，短袖、T 恤、背心等衣服则不合适（搞笑类刻意突出反差效果除外）。如果需要定制服装，比如想要凸显某个动漫形象或是拍摄搞怪题材，则可以根据场景和剧情需要来定制。

商务类造型　　　　　　古装造型　　　　　　反差造型

## 4.4.2　道具的选择

道具往往来自生活，根据属性不同，可分为实用性、装饰性、消耗性等类别。道具是短视频拍摄不可缺少的一部分，起着推动故事情节的作用。短视频中可以通过道具来反映故事发生的背景、年代、环境、人物状态等。

| 手机等装饰性道具 | 计算机等装饰性道具 | 杯子和硬币等功能性道具 |

在短视频拍摄中，尽量选择真实的物品作为道具。根据用途，道具可分为陈设道具、气氛道具、戏用道具等。其中，陈设道具用来增加场景中的画面内容；气氛道具用来烘托画面气氛；戏用道具是会与演员表演发生直接关系的道具。选用道具时，尽量选择免费或便宜、使用频率高的，这样可以节约长期拍摄成本。

# 第5章

## 一般镜头、运动镜头与镜头组接

镜头是视频创作领域非常重要的元素之一，视频的主题、情感、画面形式等都需要有好的镜头作为基础。因此，如何表现一般镜头、运动镜头等是非常重要的知识与技巧。

## 5.1 短视频镜头的拍摄技巧

### 5.1.1 固定镜头

固定镜头，就是摄影机机位、镜头光轴和焦距都固定不变，画面所选定的框架亦保持不变的镜头，而被摄主体可以是静态的也可以是动态的。在固定镜头中，人物和物体可以任意移动、入画出画，同一画面的光影也可以发生变化。

固定镜头画面稳定，符合人们日常的观感体验，可用于交代事件发生的地点和环境，也可以突出主体。

固定镜头 1：画面 1

固定镜头 1：画面 2

固定镜头 2：画面 1

114

固定镜头 2：画面 2

## 5.1.2　长镜头与短镜头

视频剪辑领域的长镜头与短镜头并不是指镜头焦距长短，也不是指摄影器材与拍摄主体距离的远近，而是指单一镜头的持续时间的长短。一般来说，单一镜头持续超过 10 秒时，可以称为长镜头，不足 10 秒则可以称为短镜头。

**长镜头**

长镜头更具真实性，使画面在时间、空间、气氛等方面都具有连续性，并且因此也排除了作假、使用替身的可能性。

在短视频中，长镜头更能体现创作者的水准。长镜头在一些大型庆典、舞台、自然风貌场景中运用较多。越是重要的场面，越要使用长镜头进行表现。

（1）固定长镜头。

拍摄机位固定不动，持续拍摄一个场面的长镜头，称为固定长镜头。

固定长镜头：画面 1

固定长镜头：画面 2

固定长镜头：画面 3

（2）景深长镜头。

用拍摄大景深的参数进行拍摄，使所拍场景即使是远景，从前景到背景也能非常清晰，并持续拍摄的长镜头称为景深长镜头。

例如，拍摄人物从远处走近，或是由近走远，用景深长镜头，可以让远景、全景、中景、近景、特写等都非常清晰。一个景深长镜头实际上相当于一组远景、全景、中景、近景、特写镜头所表现的内容。

景深长镜头：画面 1

景深长镜头：画面 2

景深长镜头：画面 3

（3）运动长镜头。

用推、拉、摇、移、跟等运动镜头呈现的长镜头，称为运动长镜头。一个运动长镜头可以呈现出不同景别、不同角度的画面。

运动长镜头：画面 1

运动长镜头：画面 2

运动长镜头：画面 3

**短镜头**

短镜头的时长没有具体的界定范围，一般两三帧画面即可被称为短镜头。短镜头的主要作用是突出画面瞬间的特性，具有很强的表现力。短镜头多用于场景快速切换和一些特定的转场剪辑中，通过快速的镜头切换表现视频内容。如下图所示的视频，整个视频拍摄过程中飘雪花这个镜头只有 4 秒，这就是比较典型的短镜头应用。

短镜头：画面 1

短镜头：画面 2

### 5.1.3　空镜头（景物镜头）

空镜头又称"景物镜头"，与叙事（描写人物或事件情节等）镜头相对，是指不出现人物（主要指与剧情有关的人物）的镜头。空镜头有写景与写物之分，前者统称风景镜头，往往用全景或远景表现；后者又称"细节描写"，一般采用近景或特写。

空镜头常用以介绍环境背景、交代时间与空间信息、酝酿情绪氛围、过渡转场。

拍摄一般的短视频，空镜头大多用来衔接人物镜头、实现特定的转场效果或是交代环境等信息。要注意的是，用于衔接虚实镜头的空镜头并不限定只有一个。

叙事镜头 1

空镜头 1

空镜头 2

叙事镜头 2

## 5.2 运动镜头

　　运动镜头就是用推、拉、摇、移、跟等方式所拍摄的镜头。运动镜头可通过移动手机（摄像机）的机位来拍摄，也可通过变化镜头的焦距来拍摄。

　　运动镜头能使画面产生多变的景别和角度，形成多变的画面结构和视觉效果，更具艺术性。运动镜头会产生丰富多彩的画面效果，可使观众有身临其境的感受。

　　一般来说，长视频中运动镜头不宜过多，但短视频中运动镜头应适当多一些，画面效果会更好。

## 5.2.1 推镜头：营造不同的氛围与节奏

推镜头是摄像机向被摄主体方向推近，或通过改变镜头焦距使画面由远而近向被摄主体不断推近的拍摄方法。推镜头有以下画面特征。

随着镜头的不断推近，由较大景别向较小景别变化，这种变化是一个递进的过程，最后固定在主体上。

推近速度的快慢，要与画面的气氛、节奏相协调。推近速度缓慢，可营造抒情、安静、平和等气氛；推近速度快，则可营造紧张不安、愤慨等氛围。

下图中，镜头的中心位置是一座城堡，将镜头不断向前推近，使城堡在画面中的占比逐渐变大，使景别由大到小变化。

推镜头：画面 1

推镜头：画面 2

推镜头：画面 3

## 5.2.2　拉镜头：让观者恍然大悟

拉镜头与推镜头正好相反，是摄像机逐渐远离被摄主体的拍摄方法。当然也可通过变动焦距，从而与被摄主体逐渐拉开距离。

拉镜头可真实地向观者交代主体所处的环境及与环境的关系。在镜头拉开前，环境是未知的，镜头拉开后，会给观众"原来如此"的感觉。拉镜头常用于侦探、喜剧类题材的拍摄中。

拉镜头常用于故事的结尾，随着主体渐渐远去、缩小，其周围空间不断扩大，给人以"结束"的感受，赋予抒情的氛围。

运用拉镜头拍摄时，要特别注意提前观察环境，并预判镜头落幅的视角，避免最终视觉效果不够理想。

拉镜头：画面 1

拉镜头：画面 2

拉镜头：画面 3

### 5.2.3 摇镜头：替代观者视线

摇镜头是指机位固定不动，通过改变镜头朝向来呈现场景中的不同对象的拍摄方法，营造出有些类似于某个人进屋后眼神扫过屋内的其他人员的效果。实际上，摇镜头在一定程度上可以看作是拍摄者的视线。

摇镜头多用于在狭窄或是超开阔的环境内快速呈现周边环境。比如，人物进入房间内，眼睛扫过屋内的布局、家具陈列或其他人物；又如，在拍摄群山、草原、沙漠、海洋等宽广的景物时，通过摇镜头快速呈现所有景物。

使用摇镜头进行拍摄时，要注意拍摄过程的稳定性，否则画面的晃动会影响镜头效果。

摇镜头：
画面 1

摇镜头：
画面 2

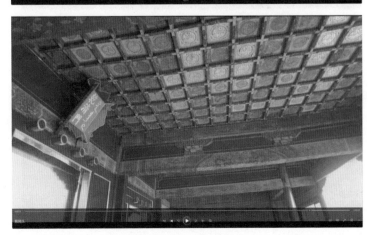

摇镜头：
画面 3

### 5.2.4 移镜头：符合人眼视觉习惯的镜头

移镜头是指沿着一定的路线运动来完成拍摄的拍摄方法。比如，汽车在行驶过程中，车内的拍摄者手持手机向外拍摄，随着汽车的移动，视角在不断改变。

移镜头是一种符合人眼视觉习惯的拍摄方法，让被摄主体能在画面中得到展示，还可以使静止的对象运动起来。

由于需要在运动中拍摄，所以机位的稳定性是非常重要的。在影视作品的拍摄中，经常使用滑轨来辅助完成移镜头的拍摄，就是为了保障稳定性。

使用移镜头进行拍摄时，建议适当多取一些前景，因为靠近机位的前景运动速度会显得更快，这样更能强调镜头的动感。还可以让被摄主体与机位进行反向移动，从而强调速度感。

移镜头：
画面1

移镜头：
画面2

移镜头：画面 3

## 5.2.5　跟镜头：增强现场感

　　跟镜头是指机位跟随被摄主体运动，且与被摄主体保持一定距离的拍摄方法。跟镜头的画面效果为主体不变，而景物不断变化，营造出仿佛观者跟在被摄主体后面所看到的画面效果，从而增强画面的现场感。

　　跟镜头具有很好的纪实意义，对人物、事件、场面的跟随记录会让画面显得非常真实，在纪录类题材的视频或短视频中较为常见。

### 1. 案例 1

　　镜头在人物身后跟随。

跟镜头 1：画面 1　　　　　　跟镜头 1：画面 2　　　　　　跟镜头 1：画面 3

## 2. 案例2

拍摄者作为被摄人物的同伴,在其身侧进行跟随,营造出移动的对话场景。

跟镜头2:画面1

跟镜头2:画面2

跟镜头2:画面3

## 5.2.6　升降镜头：营造戏剧性效果

相机或其他拍摄设备在面对被摄主体时，进行上下方向的运动所拍摄的画面，称为升降镜头。这种镜头可以以多个视点表现主体或场景。

速度和节奏运用合理的升降镜头，可以让画面呈现出戏剧性效果，或可以强调主体的某些特质，比如强调主体特别高大等。

升镜头：画面1

升镜头：画面2

升镜头：画面3

降镜头：画面 1

降镜头：画面 2

降镜头：画面 3

## 5.3 组合运镜

所谓组合运镜，是指在实际拍摄中，将多种不同的运镜方式组合起来使用并呈现在一个镜头中，最终实现某些特殊的或非常连贯的画面。一般来说，比较常见的组合运镜有跟镜头接升镜头、推镜头接转镜头接拉镜头、跟镜头接转镜头接推镜头等。当然，只要展开想象，还有更多的组合运镜方式。

下面，我们将用两个例子介绍组合运镜的实现方式与呈现的画面效果。

## 5.3.1　跟镜头接摇镜头

首先来看跟镜头接摇镜头。在跟镜头的同时，缓慢地摇动镜头以使视角与被摄人物视角一致，从而以主观镜头的方式呈现出画面中人物所看到的画面，给观者一种与画面中人物相同视角的心理暗示，增强画面的临场感。

参见下图和下页上方两张图所示的具体画面，开始是跟镜头，在跟镜头之后，镜头摇动至视角与人物视角一致，将人物所看到的画面与观者所看到的画面重合起来，增强现场感。

跟镜头：画面 1

跟镜头：画面 2

摇镜头：画面 1

摇镜头：画面 2

## 5.3.2 推镜头、转镜头接拉镜头

再来看第二种组合运镜，即推镜头、转镜头接拉镜头，这种组合运镜在航拍中往往被称为甩尾运镜。具体操作为在确定被摄主体之后，由远及近推镜头到足够近的位置，进行转镜头操作，将镜头转一个角度后迅速拉远，这样一推一转一拉，形成一个甩尾的动作。这样组合运镜拍摄的画面具有动感。

这里要注意，转镜头时转动速率要均匀，不要忽快忽慢；并且应保持与被摄主体的距离基本不变，不要忽远忽近，否则画面就会显得不够流畅。

推镜头：画面 1

推镜头：画面 2

转镜头：画面 1

转镜头：画面 2

拉镜头：画面 1

拉镜头：画面 2

##  5.4　常见镜头组接方式

　　通常来说，短视频包含不止一个镜头，是由多个镜头组接起来的。多个镜头组接时，要注意一些特定的规律，这样才能让剪辑而成的短视频如同一篇行云流水的文章那样自然、流畅，整体性更强。

　　两个及以上的镜头组接时，景别的变化幅度不宜过大，否则容易出现跳跃感，使组接后的视频画面显得不够平滑、流畅。简单来说，如果从远景直接过渡到特写，跳跃性就非常强；当然，跳跃性强的景别组接也是存在的，即后续将要介绍的两极镜头。

### 5.4.1　前进式组接

　　这种组接方式是指景别由远景、全景，向近景、特写过渡，景别变化幅度适中，不会给人跳跃的感觉。

前进式组接：全景

前进式组接：中景

前进式组接：近景

## 5.4.2 后退式组接

　　这种组接方式与前进式组接正好相反，是指景别由特写、近景逐渐向全景、远景过渡，最终视频呈现出由细节到场景全貌的变化。

后退式组接：特写

后退式组接：中景

后退式组接：全景

135

### 5.4.3 两极镜头

所谓两极镜头，是指镜头组接时由远景接特写，或是由特写接远景的一组镜头，跳跃性非常强，让观者有较大的视觉落差，形成视觉冲击。两极镜头一般在视频开头和结尾时使用，也可用于段落开头和结尾。两极镜头不宜用作叙事镜头，因为容易造成叙事不连贯。

两极镜头：远景

两极镜头：特写

　　在进行不同景别的组接时，还应该注意：同机位、同景别、同一主体的镜头最好不要组接在一起，因为这样剪辑出来的视频画面中的景物变化幅度非常小，画面看起来过于相似，有堆砌镜头的感觉，没有逻辑性，给观者的感觉自然不会太好。

### 5.4.4　固定镜头组接

　　固定镜头，是指摄影机机位、镜头光轴和焦距都固定不变的镜头，而被摄主体既可以是静态的，也可以是动态的。固定镜头的核心就是画面框架不动，画面中人物可以任意移动、入画出画，光影也可以发生变化。

固定镜头 1：画面

固定镜头 2：画面

固定镜头有利于表现静态环境。实际拍摄中，常用远景、全景等大景别固定画面交代事件发生的地点和环境。

视频剪辑中，尽量将固定镜头与运动镜头搭配使用。如果使用了太多的固定镜头，容易造成零碎感，而搭配运动画面则有助于比较完整、真实地记录和再现生活原貌。

并不是说固定镜头之间就不能组接，一些特定的场景中，固定镜头的组接也是比较常见的。

比如，表现某些特定风光场景时，不同固定镜头呈现的可能是该场景在不同天气下的效果，这时进行固定镜头的组接就会非常有意思。需要注意的是，这种将同一场景不同气象、不同时间拍摄的固定镜头进行组接时，不同镜头的时间长短要尽量相近，否则组接后的画面就会产生混乱感。

下面这 4 个画面，是在厨房这一场景中拍摄的虽然视角比较相近，但却是 4 个不同的固定镜头画面，显示了不同的时间在做不同的事。

固定镜头 1：画面

固定镜头 2：画面

固定镜头 3：画面

固定镜头 4：画面

 **5.5 镜头组接的技巧**

### 5.5.1 动接动：运动镜头之间的组接

　　运动镜头之间的组接，要根据所拍摄主体、运动镜头的类型来判断是否要保留起幅与落幅。

　　举一个简单的例子，婚礼等庆典场面的视频拍摄中，将不同主体人物的动作镜头进行组接时，要剪掉镜头组接处的起幅与落幅；而拍摄表演性质的场景时，由于要对不同表演者进行强调，所以即便是不同主体人物，也要保留镜头组接处的起幅与落幅。如果要追求紧凑、快节奏的视频效果，可以剪掉镜头组接处的起幅与落幅。

　　运动镜头之间的组接，要根据视频想要呈现的效果来进行判断，这是比较难掌握的。

运动镜头 1：画面

运动镜头 2：画面 1

运动镜头 2：画面 2

## 5.5.2　定接动：固定镜头和运动镜头组接

　　大多数情况下，固定镜头与运动镜头组接，需要在组接处保留起幅或落幅。如果固定镜头在前，那么运动镜头起始要有起幅；如果运动镜头在前，那么组接处要有落幅，避免组接后画面跳跃性太强，令人感到不适。

　　这里介绍的是一般规律，在实际应用中，可以不必严格遵守。总的来说，只要不是大量固定镜头堆积，能保证在固定镜头中间穿插一些运动镜头，视频整体效果就能比较流畅。

固定镜头：画面 1

固定镜头：画面 2

运动镜头：画面 1

运动镜头：画面 2

### 5.5.3 轴线与越轴

所谓轴线，是指主体运动的线路，或是对话人物之间的"连线"。轴线组接的概念及使用虽很简单，但非常重要，一旦违背轴线组接规律，视频就会出现画面不连贯的问题，感觉非常跳跃，不够自然。

看电视剧时，如果观察够仔细就会发现，尽管有多个机位，但总是在对话人物的同一侧进行拍摄，即都是在人物的左侧或右侧。如果同一个场景，有的机位在人物左侧，有的机位在右侧，那么这两个机位镜头就不能组接在一起，否则就称为"越轴"或"跳轴"。

　　所以，一般情况下，主体在进出画面时，应总是从轴线同一侧拍摄。

　　具体可参见下图所示的案例，这是两个运动镜头借助遮挡物进行无缝转场的画面。无论是第一个镜头还是第二个镜头，拍摄机位都在人物的左侧，也就是都在轴线的同一侧，这样两个镜头组接起来，给人的感觉才会很自然。

运动镜头 1：画面 1

运动镜头 1：画面 2

遮挡物：画面 1

遮挡物：画面 2

运动镜头 2：画面 1

运动镜头 2：画面 2

# 在线学习更多系统视频和图文课程

如果读者对人像摄影、风光摄影、商业摄影及数码摄影后期处理（包括软件应用、调色与影调原理、修图实战等）等知识有进一步的学习需求，可以关注作者的百度百家号学习系统的视频和图文课程，也可添加作者微信（微信号381153438）进行沟通和交流，学习更多的知识！

百度搜索"摄影师郑志强 百家号"，之后点击名为"摄影师郑志强"的百度百家号链接，进入"摄影师郑志强"的百家号主页。

在"摄影师郑志强"的百家号主页内，点击"专栏"，进入专栏列表即可深入学习更多视频和图文课程。